U0623588

做一个有
担当
的好员工

刘 力 ◎ 编著

新时代的好员工必须要有担当精神

敢于担当，直面责任，解决问题，创造实绩

把使命放在心上，把担当扛在肩上

中华工商联合出版社

图书在版编目（CIP）数据

做一个有担当的好员工 / 刘力编著. -- 北京 : 中华工商联合出版社, 2018.8

ISBN 978-7-5158-2385-0

Ⅰ.①做⋯ Ⅱ.①刘⋯ Ⅲ.①职业道德－通俗读物

Ⅳ.①B822.9-49

中国版本图书馆CIP数据核字(2018)第148829号

做一个有担当的好员工

作　　者：刘 力
责任编辑：付德华 关山美
封面设计：北京聚佰艺文化传播有限公司
责任审读：于建廷
责任印制：迈致红
渠道总监：姜 越 郑 奕
营销企划：张 朋 徐 涛
营销推广：张俊飞
出版发行：中华工商联合出版社有限责任公司
印　　制：三河市燕春印务有限公司
版　　次：2018年8月第1版
印　　次：2024年1月第2次印刷
开　　本：710mm×1020mm 1/16
字　　数：220千字
印　　张：14.25
书　　号：ISBN 978-7-5158-2385-0
定　　价：42.00元

服务热线：010—58301130
销售热线：010—58301130
地址邮编：北京市西城区西环广场 A 座
　　　　　19—20 层，100044
http：//www.chgslcbs.cn
E-mail：cicap1202@sina.com(营销中心)
E-mail：gslzbs@sina.com(总编室)

目　录

第一章

新时代的担当精神是事业成功的基石

担当精神是新时代至高无上的职业精神

可以毫不夸张地说，担当精神贯穿于我们每个人生命的始终。只要我生活在这个世界上，我们就每时每刻都必须履行自己的担当，包括对家庭的担当、对工作的担当和对社会的担当等。

毫无疑问，如果一个人缺乏必要的担当精神，那他肯定会失去他人的信任、尊重和认可。尤其在工作中，我们若想赢得同事的敬佩和领导的赏识，就必须认识到担当精神的重要性。要知道，担当精神是一种至高无上的职业精神，同时也是一个人做事的基本准则。如果我们在工作岗位上没有秉持这种职业精神，没有坚守这项基本准则，那我们是不可能在事业上取得成功的。

如果一个人拥有担当精神，那么即使他自身的能力再弱，最后也能因"勤以补拙"而出色地完成自己的工作。反之，如果一个人不愿意为企业全身心地付出，那么即使他拥有再出色的能力，也无法为企业创造价值。

"焊接，当年在我的印象中就是修水管、堵暖气漏洞的，有什么技术含量？所以刚进入学校时我不爱学。"直到三个月后，老师带领焊接班去工厂参观，与焊接技术"零距离"，一下点燃了高凤林的兴趣。"结构的复杂、没见过的特殊材料以及各种操作手法，让人大开眼界，跟我认知中的焊接完全不同。师傅说，一些导弹 90% 的结构，都要通过焊接完成。"

高凤林的第一任师傅对他讲："别看不起焊接专业，操作机床的工人都是咱们挑剩下的。"那时候，中国刚开始制造导弹，无法自己生产氩气，要从东德进口。一瓶普通的氩气，在 20 世纪 70 年代就三万元，高纯度的氩气，价格直升到六万元。因此，当年培养一个焊接火箭的氩弧焊工，就相当于培养一个飞行员的价格。

那时候，工厂的学习氛围特别浓厚。为了保证焊接产品的质量，高凤林和同事们没事儿就"加练"。排队吃饭的时候，习惯性拿筷子比画焊接的动作；喝水的时候，顺便端平装满水的大茶缸练习稳定性；休息的时候，举着铁块儿练耐力、平端砖块练稳定性，一端最少半小时。

肯学、肯干、肯吃苦，又喜欢动脑琢磨，21 岁时，高凤林就解决了大型真空炉的熔焊问题，在队伍中崭露头角。然而，他并没有因此高兴，反而陷入了另一种茫然和无助，感觉自己的知识已经不能满足工作需要，在写下"绝不影响工作"的保证书之后，他重新捧起了课本。

慢慢地，高凤林成为航天领域内知名的能工巧匠。2006 年，由世界16 个国家和地区参与的项目，在制造中遇到了难题。丁肇中教授提出要绝对无变形的焊接，从 16 个国家请来的焊接高手，都表示无法达成，只能做到微变形。在这种情况下，高凤林被丁教授的秘书请来，做最后的尝试。一向低调的高凤林在听取两个小时的汇报后，提出了这两种设计的弊端，并阐述了自己的思路。结果，难题得到解决。

在专业领域闻名全国，高凤林成为名副其实的"大国工匠"。

有一位伟人曾说："人生所有的履历都必须排在勇于担当的精神之后。"这句话确实很有道理。不难发现，现如今，几乎每一家优秀企业都非常强调担当精神的重要性。在企业管理者看来，一方面，担当永远胜于能力，在这个世界上，没有做不好的工作，只有不担当的员工。另一方面，一个充满担当精神的员工，才有机会在工作中充分展现自己的能力，从而在一群人中脱颖而出。

一家商场要招聘一名收银员，几经筛选，最后只剩三名女士参加面试。面试由老板亲自主持，第一位女士刚走进老板的办公室，老板便拿出一张百元钞票给她，并命令她到楼下买一包香烟。

她心想，自己还未被正式录用，老板就颐指气使地命令她做事，因而感到相当不满，她认为老板是故意伤害她的自尊心。因此，面对老板递过来的钱，她连看都不看一眼，便怒气冲冲地转身离开。

而第二位女士笑眯眯地从老板手中接过钱，但是她没有用这一百块钱去买烟，因为老板给她的钞票是假的。那怎么办呢？由于她失业许久，急需一份工作来养活自己，所以她只好无奈地掏出自己的一百元真钞，为老板买了一包烟，最后还把找回来的钱，一分不少地交给了老板。

故事看到这儿，相信很多人会认为第二位女士会被老板录用。然而，事实却并非如此，第二位面试者最终还是没有得到老板的青睐。

最后的结果是，老板录用了第三位面试的女士。原来，第三位女士一接到钱就发现钱是假币，她微笑着把假钞还给老板，并请老板重新给她一张。老板听了她的话后，开心地从她手中接过假钞，并立即与她签订了合同，最后放心地将收银工作交给了她。

可以看到，这三位面试者在处理问题时，完全是三种截然不同的应对方式。毫无疑问，第一位面试者是大多数老板最不喜欢的员工，毕竟，谁也不敢将工作托付给一位过于情绪化的人。而第二位面试者的处理方式则不专业，虽说她能委曲求全，但万一真的遇到重大问题，老板需要的不是这样的员工，而是能够解决问题的人。

由此可见，第三位面试者才是最具职业精神的人，因为在这件小事上，她充分表现出了自身强烈的担当精神和出色的专业能力。

我们都知道，现代职场人才济济，能力出众的员工并不少见。可光有能力是不够的，那种既有能力又有担当精神的人才是每一个企业都渴求的理想人才。如果实在没有这种理想人才，企业也宁愿信任一个能力一般却拥有强烈担当精神的人，而不愿重用一个做事马马虎虎、视担当为无物的人，哪怕这个人能力非凡。

所以说，作为一名员工，我们一定要明白，担当精神才是新时代最至高无上的职业精神。无论我们从事什么样的工作，无论我们自身的能力有多强，我们都要努力培养自己对工作有担当的职业精神，最后在担当精神的驱动下，积极挖掘自我潜能，踏踏实实地将工作做到尽善尽美，为企业的发展倾尽自己全部的力量。只有这样，公司才乐意在我们身上投资，给我们培训和锻炼的机会，提高我们的职业技能，最后帮助我们在日后的工作中取得巨大的成功。

担当精神是无比强大的成功助力

　　鲁迅先生曾说："自古以来，有埋头苦干的人，有拼命硬干的人，有为民请命的人，有舍身求法的人，这些人是中国的脊梁。"

　　一个人若是认识到有担当的重要性，那不管他身处何种角色，他都能成为一个脊梁般的人物。尤其在工作岗位上，如果一个人总是以强烈的担当精神而埋头苦干、兢兢业业，那他一定会养成坚韧和执着的优秀品质。如果我们对工作没有强烈的担当精神，就不会拥有坚韧和执着的良好品质，就不可能在事业上获得成功，就不可能实现自己的人生价值。

　　第二次世界大战期间，可口可乐公司总裁伍德拉夫发表特别声明："不管我国的军队在什么地方，也不管公司花多少钱，我们一定要让每个军人只花五美分就能买到一瓶可口可乐。"

　　为了实现这个目标，可口可乐公司必须把可口可乐浓缩液装瓶输出，并在军队驻扎地区设立瓶装厂，这就意味着要派遣员工深入战争地区，他们要同军人一样受到死亡的威胁。

最后，可口可乐公司一共派遣了 248 名员工随军到国外，没有一个人退缩。因为他们明白，这是可口可乐创造品牌和培养忠诚消费者的绝佳机会，而身为可口可乐公司的一员，担当精神促使他们有责任完成这一任务。

就这样，面对战场上无所不在的危险，248 名员工保证了公司计划的顺利实施。他们随军辗转，从新几内亚丛林到法国里维拉的军官俱乐部，一共卖出了上亿瓶可口可乐。

后来，美国军方授予可口可乐代表"技术侦查员"的称号。之所以将可口可乐公司的员工与修理飞机坦克的军人相提并论，是因为他们在战争激烈的时刻送来了家乡的味道。

值得一提的是，战争结束后，可口可乐迅速成为美国产品的象征，成为美国人生活中不可缺少的组成部分。

据战后统计，这 248 名中有不少人在这一计划中献出了自己宝贵的生命。不可否认，一项计划或任务在执行中难免会遇到困难和阻力，但越是这个时候，我们越是要有担当，唯有担当精神能铸就坚韧和执着的品质。在坚韧和执着的品质的保驾护航下，我们会迎难而上，想方设法解决问题，竭尽全力去完成各项工作。相反，一个人如果缺乏担当精神，那他必然不能承受住压力，最后就很容易放弃目标。

毫无疑问，可口可乐公司的那 248 名员工属于前者，可以看到，正是担当精神铸就了他们坚韧和执着的良好品质，从而让他们顺利地完成任务，帮助可口可乐公司打响了知名度，最后赢得成功。

在担当精神的驱使下，我们有了执着向前、永不放弃的动力。比尔·盖茨曾经说过："在微软，一个优秀的人才不仅要有过硬的专业技能，还必须能承受巨大的工作压力。"然而，如何才能让一个人承受住巨大的工作压力呢？答案很简单，那就是"担当"二字。当我们拥有超强的担当精神时，我们才能在工作中做到执着向前，永不退缩。

也许有人会说："我也想做一个坚韧、执着的员工，可是有的困难实在无法逾越。"不要以为这样的借口就能逃脱责任，换取老板的谅解。你之所以成为"逃兵"，归根结底是缺乏对工作的担当。要知道，一个对工作怀有强烈担当精神的人，一旦接受了任务，就会努力去完成，不管遇到什么困难，也从不抱怨，从不为自己找借口，自始至终都把实现目标当成自己必须承担的担当。

戚日安是茂名石化港口分部湛茂管道廉江站巡线班班长，他三十年如一日，带领廉江站的员工默默地守护五十多千米管线的安全。

戚日安在廉江站工作时间长了，这五十多千米公里管线周围的情况他一清二楚。他不仅把自己的技术知识毫无保留地传授给班员，在日常工作中，他还以身作则，教育班员履行巡线工的职责，用生命守护管线的安全。由于放心不下站内的治安工作，戚日安经常放弃休息，以廉江站为家。碰上管线附近有人施工，他更是日夜坚守在现场，及时制止危害管线的行为。

有一次，由于西南公司管线铺设与港口湛茂管线有多处相交，负责西南管线施工的队伍为了赶工期，在开挖进入湛茂管线三米之内时，对巡线工的警告置之不理，坚持启动钩机施工。

戚日安在劝说无效的紧急情况下，纵身跳下了刚挖好的坑道中，坚定地说："管线安全比我的生命更重要！你们不能用钩机！"戚日安这一跳，不但令对方惊愕不已，也令巡线工感动不已。最后，施工方只得改用人工开挖。

后来，戚日安还对拉他上来的巡线工说："无论什么情况下，守护管线的安全都是我们最重要的职责！"

其实，担当精神不仅能让我们变得坚韧和执着，还能帮助我们战胜恐惧。在实际的工作中，面对责任，我们无处逃避，只有勇敢地迎上前去。只有这样，我们才能不断完善自己，在工作岗位上干出一番骄人的成绩，最后成为不可替代的卓越员工。

担当精神提升自身"含金量"

从某种程度上来说，不管是公司还是个人，若想在竞争日益激烈的社会上获得一席之地，就必须努力打造属于自己的品牌，并不断提升自身品牌的含金量。

然而，一家企业即使资金再雄厚、竞争力再强，如果不愿意承担责任，不勇于担当，它也不能得到社会的认可，其竞争力也会随之减弱；而一家愿意主动承担责任、勇于担当的企业，即使自身的实力刚开始不那么强，但因为社会大众的支持，其竞争力也会逐渐增强，并最终在市场中占领一席之地。个人亦是如此，在工作中，一个人若想得到领导的认可、赏识和重用，就必须具有强烈的担当精神。

换句话说，担当精神是提升公司和个人"含金量"的法宝。我们不妨来看一则案例，相信很多人肯定能从中有所收获。

1853 年，摩根加入了一家名叫伊特纳火灾的小保险公司。就在摩根成为其股东后不久，有一家投保的客户发生了火灾。按照规定，如果完全付清赔偿金，保险公司就会破产。为此，股东们一个个惊惶失措，纷纷要求退股。

摩根斟酌再三，为了履行承诺，他四处筹款，并卖掉了自己的住房，低价收购了所有要求退股的股东们的股票，最后把赔偿金如数付给了那位客户。

已经身无分文的摩根成为保险公司的所有者，但保险公司已经濒临破产，无奈之下，他只好打出广告：凡是再到伊特纳火灾保险公司投保的客户，保险金一律加倍收取。

广告一出，客户蜂拥而至。原来，在很多人的心目中，伊特纳火灾保险公司是最讲诚信、最具担当精神的保险公司，这一点使它比许多有名的保险公司更受欢迎。

通过这个故事，我们不难发现，正是担当精神提升了伊特纳火灾保险公司的品牌含金量，帮助它吸引了一大批忠实的客户，使其免于破产，最后顺利渡过难关。

对于每一位员工来说，担当精神同样非常重要。一个员工的能力再强，如果他不愿意担当，那他就不能为企业创造价值；而一个有担当精神的员工，即使其能力差一些，最后也能以最佳的精神状态投入到工作中去，并将自己的潜能发挥到极致。

从前，在美国标准石油公司里，有一位名不见经传的推销员，他的名字叫阿基勃特。他每次出差居住在旅馆时，总会在自己的签名下方写上"每桶四美元标准石油"的字样，在书信及收据上也不例外，签名之后他必定写上那几个字。因此，同事们都叫他"每桶四美元先生"。

阿基勃特坚持如此做。四年后，公司董事长洛克菲勒无意间听闻了此事，他大感惊奇地说道："竟有职员如此尽职尽责，我要见见他。"于是，洛克菲勒很快就邀请阿基勃特共进晚餐。

后来，洛克菲勒有意栽培阿基勃特。又过了五年，洛克菲勒因病卸职，但他没有让自己的儿子继任董事长一职，而是将这一职位交给了阿基勃特。

阿基勃特所做的事情无非是极其简单的小事，然而，就是这么一件谁都能够做到的小事，最后却只有阿基勃特一个人去做了。那些讥笑他为"每桶四美元先生"的人中，也许有不少人的能力在他之上，可是最后只有他成了董事长。

这个故事告诉我们一个道理，那就是担当精神能提升个人品牌的"含金量"，而个人品牌又是一种无形的资产，它能帮助我们获得成功，实现自己的人生价值。

在现代职场，企业在用人方面，对员工具有担当精神的要求从来都是放在第一位的。也就是说，有担当是前提和基础，能力强更好，暂时不强，还可以慢慢培养。有了担当精神，他们的素质会不断地得到提高，个人品牌的"含金量"与日俱增，所有人都对他们刮目相看，他们的发展机会才会不断增多。

在工作中，我们经常会听到领导时刻挂在嘴边的一句话："我不想知道是谁的问题，我只想知道谁能解决问题！"这句话的潜台词是，谁能在艰难的情况下挺身而出，勇于担当，负责到底，解决问题，完成任务，那这个人就是最值得加薪又升职的好员工。在工作中勇于担当，无疑就是在投资我们的个人品牌。

美国管理学者华德士曾提出："21世纪的工作生存法则就是建立个人品牌。品牌'含金量'越高，则个人的身价越高。"而担当精神刚好能提升个人品牌的"含金量"，所以，我们还在等什么呢？赶紧加强自身对担当的认识，努力将工作用心做好吧！当我们越是在工作中尽职尽责时，我们就越能扩大自己的影响力，提升自身的"含金量"。

担当精神使人敢于负责任

任何企业都喜欢有担当精神的人。担当是什么？担当是除了做好自己的分内之事，同时也敢承担别人不敢承担的事，包容一切并对其负责。具有担当精神的人敢于承担责任，具有战略眼光，有"舍我其谁"的霸气与魄力。

有些人认为，做好自己分内的工作就行了，只要自己工作不出错，按期完成就行了。这是不对的。现如今，企业中能认真做好自己分内之事的人比比皆是，但是有担当精神的人很少，能干的人未必是企业的第一选择。由于市场竞争激烈，企业中的每个岗位都需要"勇士"和"英雄"，这样才能创造出辉煌的业绩。

徐世刚在一家公司负责钢材销售业务。由于市场上钢材紧缺，许多公司也开始销售钢材，一时钢材价格混乱，有些公司以次充好，还有些高价销售。徐世刚所在的公司也想这么做，但徐世刚对领导说，绝不能干以次充好的事，更不能提价。起初，领导不理解，但徐世刚不仅三番五次请求，而且向领导立下了"军令状"。一段时间后，许多客户发现从其他公司买到的钢材质量低劣，价格虚高，而徐世刚销售的钢材则按质标价，并没有借机涨价，更没有唯利是图。于是，很多客户纷纷从徐世刚所在的公司购买钢材。

徐世刚的担当精神和敢于负责的态度深深打动了公司领导。经过董事会研究，他被提拔为副总经理。

在工作中，有些人总是自作聪明，要么遇到问题推卸责任，要么为了利益不择手段，"担当"成了口头上的"说说而已"；还有些人认为自己不是企业领导，管好自己的"一亩三分地"就可以了，担当不担当的与自己无关，而且一旦"担当"了，自己的"麻烦"也许就来了，所以将"莫管他人瓦上霜"成为自己的座右铭。其实，一个人勇于担当，敢于负责任，就是对自己人性弱点的挑战。一个敢于挑战自我的人一定是一个信心百倍、内心充满阳光的人。担当精神是培养负责态度的沃土，更是事业成功的前提。

在工作中，一提起担当精神，很多人的第一反应都是逃避和躲闪，在这些人的眼里，担当精神往往长着一副妖魔鬼怪的嘴脸，他们唯恐自己被担当精神捆住手脚，从此过上压力重重、劳心劳力的疲惫生活。

难道担当精神真的有那么恐怖吗？当然不是，担当精神不仅不会让我们的工作和生活失去应有的光彩，反而会让我们变成一个勇于承担责任的人。当我们在工作中承担起属于自己的担当时，这就意味着我们不会以任何理由延误工作，我们会勇敢地承担起自己的责任，尽心竭力地把该做的工作做好，并因此渐渐得到领导的信任和重用，收获同事的欣赏和敬佩。

众所周知，现在社会的竞争越来越激烈，面对生活中的坎坷和工作中的压力，很多人选择逃避担当。事实上，一个人越是逃避担当，就越是躲不开失败的命运；相反，越是勇于担当，就越能品尝到成功的甘甜。

小张和小宋同一天进入一家公司工作，他俩工作起来都很认真。经过一段时间的观察，这家公司的总经理觉得小张为人忠厚老实，以后在工作上不会有太大的作为，而小宋却是头脑灵活，以后在工作上肯定是前途无量。然而，后来发生的一件事却让总经理改变了看法。

就在试用期快要结束的前几天，总经理让秘书把小张和小宋叫进办公室，交代他俩一起把一件非常贵重的古董送到码头。小张和小宋领到任务后，就开始马不停蹄地工作了，可谁也没想到，意外发生了，货车开到半路坏了。司机只好拿出工具修车，但十几分钟过去了，车仍然没有修好。

由于总经理有言在先：如果不按规定时间将古董送到目的地，那他俩的奖金就要被扣掉一部分。看着急得满头大汗的司机，小张转过身对小宋说："看来这车一时半会儿修不好，再说前面不远处就是码头了，我看不如咱俩费点力气，把古董背过去算了。"小宋听了，连忙点头同意。

于是，力气大的小张背起古董，一路小跑，终于在规定的时间内赶到了码头。这时，鬼心眼颇多的小宋心想："如果客户看到我背着古董，然后把这件事告诉总经理，那总经理说不定会给我加薪！"想到这儿，他立刻装模作样地对小张说："小张，你都累得出汗了，不如让我背吧，你去叫货主。"

当小张把古董递给小宋的时候，小宋一时没接住，古董掉在了地上，"哗啦"一声碎了。他俩都知道古董碎了意味着什么，丢了工作不说，两人可能还要背负沉重的债务。果然，回到公司后，总经理对他俩进行了十分严厉的批评。

第二天，小宋趁着小张不注意，偷偷来到总经理的办公室，说道："总经理，这事儿都怪小张。我早就告诉他，我一个人背不动，他偏不听。"

听到小宋的话，总经理又单独找小张询问事情的经过。小张把事情的前后过程详细地告诉了他，最后还诚恳地说道："这件事是我和小宋的失职，可小宋的家境不太好，所以我愿意承担所有的责任。总经理，您相信我，我一定会弥补我俩给公司带来的损失。"

第二天，总经理一大早就来到了公司的集体宿舍，找到小宋说："公司一直对你很器重，想从你和小张两个人当中选择一个人担任客户部经理，没想到出了这样一件事。不过也好，它让我看清了你是一个没有担当的人，而小张正好相反。所以，我现在正式通知你，你的试用期结束了，从明天开始，你就不用来公司了。"

小宋听了，大声地抗议道："事情不是都已经弄清楚了吗？为什么是我离开？"

这时，总经理用一种冷漠的眼神看着小宋说："是的，经过调查，我知道了事情的真相。我认为当问题出现后，逃避和推卸责任，是一个人没有担当的表现，这样的人，我是绝对不会对其委以重用的！"

常言道，智者千虑，必有一失。一个人再怎么聪明，都有犯错误的时候，而当人犯了错误后，往往会有两种态度，一种是拒不认账，另一种是勇于担当。毫无疑问，故事中的小宋属于前者，而小张则属于后者。其实，之所以会出现这两种迥然相反的态度，完全是因为他们二人一个毫无担当精神，另一个则具备了担当精神。

小张虽然在工作中不如小宋那样头脑灵活，但他却拥有强烈的担当精神，正是这份难得的责任心，让他在问题出现后勇于担当，从来没想过逃避。像他这样的员工，不论在哪一家企业工作，最后都会成为企业管理者青睐和重用的对象。唯有担当能让能力展现出最大的价值，当一个人在自己的工作岗位上认识到担当精神有多重要时，那也就意味着他将成为一个勇于担当的人。

在平时的工作中，我们谁也无法保证自己不会犯错，犯错并不可怕，可怕的是不敢承认自己的错误。所以，在这种情况下，我们一定要深刻认识到担当的重要性，唯有正确看待担当，并肩负起自己的担当，我们才能成为一个勇于担当的人，我们才能被人信赖。

一个人如果做事没有担当，犯下错误也只知道顾全自己的面子，不敢承担责任的话，那最后吃亏的只能是他自己。总之，在工作中，只有负责的人，才能勇于担当，才有可能做成大事。

担当精神是梦想的"翅膀"

人们常说："你的心有多大，你的舞台就有多大。"其实，将这句话稍微改动一下，变成"你的担当有多大，你的事业就有多大"也是非常合理的。从一个人是否具备担当精神，我们就可以推测出其未来是否能做出一番伟大的事业。

"同学们，听吧！祖国在向我们召唤，四万万五千万的父老兄弟在向我们召唤，五千年的光辉在向我们召唤，我们的人民政府在向我们召唤！回去吧！让我们回去，把我们的血汗洒在祖国的土地上，灌溉出灿烂的花朵。我们中国要出头的，我们的民族再也不是一个被人侮辱的民族了！我们已经站起来了，回去吧，赶快回去吧！祖国在迫切地等待我们！"

这是1950年初，时年26岁的留美学生朱光亚亲笔起草的《给留美同学的一封公开信》的结尾。

这至今让人热血沸腾的信，不仅反映了朱光亚当年回国效力的迫切心情，更是他毕生奉献于民族复兴的真实写照。

1946 年，吴大猷、曾昭抡、华罗庚三名科学家赴美考察；吴大猷推举两名助手同行，其中一名就是朱光亚。到美国不久，他就认识到一个残酷的事实：美国根本不想对中国公开原子能技术。但朱光亚并没有放弃，同年 9 月，他进入密歇根大学，从事核物理学的学习和研究。在核物理学的天地里，他刻苦学习，以全 A 的成绩连续四年获得奖学金，并发表了多篇优秀论文，顺利取得物理学博士学位。

异国道路上的一帆风顺，并未让朱光亚忘记大洋彼岸的祖国。1950 年 2 月底，他自筹经费，赶在美国发布中国留学生回国禁令之前，辗转回到新中国。

1959 年，苏联突然单方面撕毁合作协议，撤走在华专家，我国的原子弹科研项目被迫停顿。朱光亚临危受命，担起了中国核武器研制攻关的技术领导重担。

由于援华苏联核武器专家平时就严密封锁有关核武器的机密情报和关键技术，撤走时又毁掉了所有带不走的资料，中国的核武器研制举步维艰。朱光亚提出，就从苏联专家所做报告中留下的"残缺碎片"入手！经过夜以继日的艰苦奋斗，中国的原子弹设计理论终于有了重大突破。

1964 年 10 月 16 日，我国第一颗原子弹爆炸成功。仅仅过了两年零八个月，我国第一颗氢弹也爆炸成功。

凭借对祖国的忠诚和对事业的执着，在当时极端恶劣的自然条件和极度简陋的设备条件下，朱光亚等"两弹一星"元勋们创造了奇迹：从第一颗原子弹到安装在导弹上的核弹头，美国用了 13 年，苏联用了六年，中国仅用了两年；从原子弹到氢弹，美国用了七年三个月，苏联用了六年三个月，中国则只用了两年两个月。

除了献身于中国的核武器事业，朱光亚还组织指导了中国第一座核电站——秦山30万千瓦核电站的建设。五十春秋呕心沥血，毕生奉献功勋卓著。直到八十多岁，他依然关心着国家的科技事业。

一个人要想在事业上有所成就，就一定要加深对担当精神的认识，在工作中担负起属于自己的责任。要知道，担当有多大，事业就有多大。无论在哪个岗位上，我们都要牢记自己的担当，认识到自己所处位置的重要性。唯有担当精神，能唤起我们每个人对待工作的热情，提升我们的能力，并帮助我们实现自身的价值。

八年前，高考发挥失常的王悦孤身一人来到北京打工，只有高中学历的她一直被人拒之门外。就在她已收拾好行囊准备返家时，有一家汽车销售公司通知她去上班。

王悦对这份来之不易的工作十分珍惜，尽管她做的是前台接待，同时还要处理公司的各种琐事，工资也不高，但她工作认真负责，经常自愿留下来加班，直到将所有的事情都处理完毕。

有一天，她加完班正准备锁门离开时，突然收到了一份传真。

这是一份来自英国的传真，只有高中学历的她，只认得其中少量的单词，至于传真的内容，她完全是一头雾水。于是，她连忙打电话给老板，可老板的手机刚好关机了。

她本打算第二天上班时再交给老板处理，可她忽然意识到英国和中国的时差问题，说不定对方正等着回传呢。于是她坐下来，拿起英汉辞典及汽车专用英汉辞典翻译起来，好不容易弄清楚传真的内容后，她又用蹩脚的英语给对方回了一份传真。回到家后，她整晚都没睡好觉，心想："这么大的事，自己没经老板批准，就擅自做主回了传真，真不知明天老板会是什么态度。"

谁知，第二天上班，老板非但没生气，反而非常高兴。原来，王悦及时给英方回了传真，才使得他们在其他几个同样接到英方传真的中方公司之前抢得先机，为公司争得了开张以来的首单大宗生意。

就这样，王悦不仅给公司带来了一笔可观的利润，同时也为她本人赢得了一份丰厚的奖金。从此，老板越来越器重王悦，处处栽培她，而王悦也丝毫没有辜负老板的厚望，几年后，她顺利成为公司营销部门的经理。

当我们在工作中承担的责任越大时，千万不要觉得自己吃了大亏，更不要拒绝这个宝贵的机会。担当有多大，我们的机会就有多大。

当今社会到处充斥着金钱主义和功利主义，人们大都变得浮躁、敷衍和急功近利，没有人愿意去付出，每个人都想得到大大的回报。在这种想法之下，成功仿佛有很多捷径。其实，天下哪有什么幸运儿，每一个人的成功都是努力换来的。我们总是看到他人的成功，却看不到他们成功背后的秘密——没有付出，哪来的回报！

其实，担当从来都不只是一种"负担"，很多人没有意识到这一点的时候，会对担当"避而远之"。当我们意识到担当能够给我们带来的"隐藏价值"时，我们就能更加全面地认识自我、认识担当。

身为企业的一员，我们应该把企业提出的理想和目标当作自己的理想和目标来追求，把企业所描绘的蓝图当作自己的蓝图来描绘。总之，在这个过程中，我们绝不能秉持一种"事不关己，高高挂起"的态度，而要为了更加光明的职场前程付出自己全部的努力！

第二章

企业兴衰，使命担当

承担责任，捍卫荣誉

比尔·盖茨曾经说过："人可以不伟大，但不可以没有责任心。"每一个企业都由不同的成员组成，每一个成员的努力程度，都将影响整个企业的运作。如果你对工作没有担当，那么整个企业就会因为你的失职而出纰漏，所有人的利益都将因为你而遭受损失，其中也包括你自己的利益。一个没有担当精神的人在企业中也不会发挥他的主观能动性，他们最常表现出来的就是混日子的态度。

乔治经过面试到一家钢铁公司上班，工作还不到一个月，他就发现了问题：每次炼铁的时候，很多矿石还没有得到充分的冶炼就被扔掉了。如果一直这样下去的话，公司无疑要遭受很大的损失。但是大家好像对这件事情都熟视无睹，乔治决定向负责人汇报这件事。但负责人不以为然，他认为乔治只是一个到厂不足一个月的普通工人，他所提的建议并不值得重视。而且，工厂的工程师都没有意见，可见不会有问题。于是，他对乔治的意见随便做了个记录，就让他回去了。

过了几天，乔治见问题并没有解决，就找负责冶炼的工程师提出了自己的意见。工程师很自信地说："我们工厂的冶炼技术是世界上一流的，怎么可能会有这样的问题呢？"工程师是名牌大学毕业的高才生，同样不将乔治放在眼里。

虽然自己的意见没有被接纳，但是乔治不肯罢休，他想了想，从那些扔掉的还没有冶炼完全的矿石里面拿出一块来，去找公司负责技术的总工程师。见到总工程师之后，他将手中的矿石拿给他看，然后说："先生，我认为这是一块没有冶炼好的矿石，您认为呢？"

总工程师仔细地看了看，就说："不错，这块石头里的含铁量很高。你从哪里得来的？"

乔治说："这是我们公司炼铁剩下的。"

总工程师大为吃惊，他简直不敢相信会有这样的事。他向乔治了解了事情的整个经过，然后和乔治一起到车间查看。原来是机器的某个零件出现了问题，才导致了冶炼的不充分。

总工程师将这件事汇报给了总经理。第二天，总经理来到车间，宣布任命乔治为负责技术监督的工程师，这一点就连乔治也觉得很意外。

在任命乔治后，总经理感慨地对周围的工人说："我们公司并不缺少工程师，但是却缺少负责任的工程师。这么大一个工厂，如此多的工程师，却没有一个人发现这个问题。当有人提出问题的时候，他们还不以为然。对于一个企业来讲，担当精神比任何人才都更重要。"

一旦你加入了某个企业，你们的命运就紧密地连在了一起，企业的兴衰荣辱也就是你的兴衰荣辱，企业的利益就是你的利益。所以，应该像对待自己的家一样对待企业。

很多员工总想着自己做完自己的工作，领完每个月的薪水就可以了，其他的事跟自己并没有什么关系。你以为这样就不会影响到自己的利益了吗？如果企业里的员工都对企业不负责，那么企业的利益就很容易遭受损失。企业的利益遭受损失，员工的利益就会受到影响。所以，每个员工都应该将企业视为自己的企业，认真负责地处理好自己每天的工作，并时刻提醒自己："我是在自己的企业里为自己做事。"这样，你才能具有更强烈的担当精神，做好自己的工作，尽到自己应尽的职责。

周伟是一家大型滑雪场的普通修理工，这家滑雪场引进人工造雪机在坡地上造雪。

有一天晚上，周伟深夜出去巡夜，看见有一台造雪机喷出的全是水，而不是雪，这是造雪机的水量控制开关和水泵水压开关不协调造成的。他赶忙跑到水泵坑边，用手电筒一照，发现坑里的水快漫到动力电源的开关口了，若不赶快行动，将会发生动力电缆短路的问题，这会给公司带来重大损失，甚至可能会危及许多人的生命。在这种情况下，周伟不顾个人安危，跳入水泵坑中，控制住了水泵阀门。他把坑里的水排尽，重新启动造雪机开始造雪。当许多同事赶过来帮忙的时候，周伟已经把问题处理妥当了。这时候，他浑身颤抖得走不动路了。大家连夜把周伟送入了医院，他差点儿落下身体上的伤残。

因为周伟的英勇行为，公司避免了重大的损失，他因此受到了公司的表扬和嘉奖，并把他从一名修理工，提拔到了部门经理的位置上。

本杰明·鲁迪亚德曾经说过："没有谁必须要成为富人或成为伟人，也没有谁必须要成为一个聪明人；但是，每一个人都必须要做一个有担当的人。"员工的担当精神是一个企业最宝贵的财富，也是企业制胜的坚实后盾。一个能够勇于担当，将企业的命运视为自己的命运，将企业的生死存亡视为与自己切身利益相关的人，才能在任何时候、任何地方，以企业的利益为重。

其实每一个老板都清楚他的企业最需要什么样的员工。一个员工有时就代表了一个企业的整体，所以，身为员工，不要以为自己只是普通一员，其实你能否担当起你的责任，对整个企业而言，有很大的意义。

担当精神是成为企业里最可爱的员工的前提，无论你现在从事何种职业，也无论你选择这份职业的初衷是什么，总之，既然选择了，就要热爱这份职业。所谓"在其位就要谋其事"，说的就是这个道理。在任何一家企业里，领导有领导的担当，员工有员工的担当。只有做好自己该做的事情，在自己的轨道里运行得最好，才是有担当的表现。

声誉是一家公司极其重要的无形资产，是公司的脸面，也是公司内每一个员工的脸面。别以为维护公司声誉只是上司和老板的事。每一位员工，都要像爱护自己的脸面一样爱护公司的声誉，保护公司的品牌。

一个成熟的员工必须具备集体荣誉感，并且努力使这种自觉成为习惯，在日常工作中、生活中自觉维护集体的声誉。优秀员工总是会把公司声誉放在第一位，无论何时何地都最大限度地维护它。他们懂得：员工与企业的关系就如同手足和身体，不能只看到自己，而应站在更高的角度关心企业的发展。

有担当使人更卓越

一个有担当精神的人，给他人的感觉是值得信赖与尊敬的人。而对于一个没有担当精神的人，没有人愿意相信他、支持他、帮助他。

威尔逊是美国历史上一位伟大的总统，在这个位置上，他深知自己的责任与义务，并且他也认为，做一些超出自己范围的事情，总会得到更多的回报。他曾经说道："我发现，强烈的担当精神是与机会成正比的。"

幼年的戴高乐在与兄弟玩战争游戏时，总坚定不移地由自己来充当法兰西一方。他坚持称"我的法兰西"，决不准任何人对其染指，甚至不惜为此与他的哥哥打得头破血流，直到他的哥哥无奈地承认："好了，我不和你争了，是你的法兰西，是你的。"或许这就是天意，日后果然是戴高乐担当了拯救法兰西民族危亡的大任。

这也说不上是天意，因为戴高乐自小就始终以拯救法兰西为己任。

勇于担当大任，就是应该清楚地知道什么是自己必须做的，不需他人强迫，不要他人吩咐。

第二次世界大战初始，法国投降，剩下英军孤立无援地同纳粹德国作战。骄傲的德国人以为接下来他们的任务就是准备迎接"胜利"的到来。1940 年 7 月 19 日，希特勒在帝国国会作了长篇演说，先是对丘吉尔进行了一番臭骂，而后要求英国人民停止抵抗，并要求丘吉尔给出答复。而就在他的这番话发出不到一个小时，英国广播公司就用一个简单的词做出了答复：NO！

后来丘吉尔回忆说，这个"NO"不是英国政府通知广播电台的，而是广播电台的一个播音员在收到希特勒的演讲后，自行决定播出的。丘吉尔从内心为他的人民感到骄傲。

何止是丘吉尔，读到这个故事的每一个人，又有哪个不为这个敢当大任的播音员叫好？

曾经的诺贝尔文学奖得主，马丁纽斯·比昂逊在从事文学创作的同时，还是一位社会学家，他说："一个人越敢于担当，他就越会意气风发；如果一个人有足够的胆识与能力，那他就没有什么该讲而不敢讲的话，没有什么该做而不敢做的事，更没有什么心虚畏怯之处。"托尔斯泰也曾经说过："一个人若是没有热情，他将一事无成，而热情的基点正是责任心。"

在我们身边的职场中，许多员工习惯于等候和按照上级的吩咐做事，似乎这样就可以不用担当，即使出了错也不会受到谴责。

这样的心态只能让别人觉得你目光短浅，而且上司会觉得你能力不够，永远不会将你列为升迁的人选。

没有担当的人生轻飘飘，不愿担当的工作乱糟糟。担当催人奋进，担当使人卓越。假如你想要在公司迅速得到提升，那么就把公司的每一件事情都当作自己的担当吧。

有一个地方是悬崖峭壁，那里的人过此地时总要在肩上扛一些东西。有些人认为这是自找苦吃，可结果却出人意料，那些扛着东西过悬崖的人大多很平安，而空着手过去的人很多掉进了深渊。

正所谓，不挑担子不知重，不走长路不知远。我们只有在意识到自己有危险的情况下，才能集中全部的注意力，时时刻刻注意脚下的路，最终平安到达目的地。其实，担子在肩就好比有担当放在心，心中有担当的人，才会在职场上走得踏踏实实。而那些在工作中总是差错不断的人，归根结底还是因为他们没有把担当放在心上，做事粗心大意，敷衍了事。

身为企业的一员，我们必须站在公司的立场上考虑问题，永远把公司的利益放在第一位，不要想当然地认为一个小小的员工无须干涉公司的事，也不要觉得自己是个与公司毫无关系的人。要知道，每一家企业都需要忠诚的员工，而所谓的忠诚，其最大的特点就是时刻在心里牢记担当，不管什么时候，也不管遇到什么问题，都选择和企业同舟共济，尽自己最大的努力去解决问题。

众所周知，海尔集团的产品畅销全球，可很多人不明白个中奥妙所在。海尔的一位员工一语道出玄机："我会随时把我听到的、看到的对我们海尔公司产品的意见记下来，无论是在朋友的聚会上，还是走在街上听陌生人说话。因为作为一名员工，我有责任让我们的产品更好，有责任让我们的企业更好。"没错，正是因为每一位海尔员工时刻把担当放在心上，海尔才会生产出那么多享誉全球的优质产品，并最终成为一家强大的企业。

其实，公司就好比一艘船，在这艘船上，我们是船员而非乘客。只有深刻地认识到这一点，我们才会把公司的事情当成自己的事情来做，时刻都不放松自己的担当，哪怕遇上再大的风浪，都会一直尽心尽力地守护这条大船。

在心里牢记担当是做好一切工作的前提。任何一名员工，只要总把担当放在心上，他就会勇敢地对自己在工作中的所作所为负起责任，并且持续不断地寻找解决问题的方法。而他自己必然也会因此而获得领导的信赖和重用，最后成就一番事业。

担当精神心中挂，我的工作请放心

微软首席执行官鲍尔默曾说："重要的职位、优厚的回报以及崇高的荣誉，只会给予那些超越合格、达到优秀的、让公司放心的员工。"那什么样的员工才是让公司放心的员工呢？当然是那些在工作中认真努力、踏实进取、敬业负责、勇于担当的员工，这种员工做事从不需要他人时刻在场监督，他们自会朝着目标奋勇向前，不管遇到什么问题，他们都能主动找到最佳的解决办法。

我国第一代核燃料师——乔素凯，在核电站同核燃料打了25年交道，全国一半以上核电机组的核燃料都由他来操作。

　　乔素凯的岗位在核电站的最深处，那是一个有如大海般的蔚蓝色水池，美丽的水面下，就是令人闻之色变的核燃料。每18个月，核电站要进行一次大修，这是核电站最重要的时间，三分之一的核燃料要被置换，同时要对破损的核燃料组件进行修复。

　　修复破损的核燃料棒，这是一项复杂又充满危险的任务，目前，在全国能够完成这个任务的只有乔素凯所带领的团队。由于核燃料棒有很强的放射性，因此必须放置在含有硼酸的水池中来屏蔽辐射，这也就意味着修复的工作要在水下完成，修复的第一步就需要打开组件的管座，这个过程需要在水下拆除24颗螺钉。不同于我们生活中常见的拧螺钉，乔素凯需要用一根四米的长杆，伸到水下三米进行操作，这是一个对精度有严格要求的动作。看似简单的拧螺钉却是核燃料修复的一个关键点，在整个修复过程中，像这样的关键点操作都是决定成败的关键。

　　怀着对核燃料的这份敬畏之心，25年来，乔素凯核燃料操作保持零失误。这些年，他主持参与的项目获得了19项国家发明专利。靠劳动成就梦想，用梦想追求极致。

　　一个无论什么时候都能主动承担责任、勇于担当的员工，无疑就是一个可以让企业放心的员工。乔素凯的出色表现，充分展示了他对工作的尽职尽责。不难发现，这种急企业所急、忧企业所忧，且时刻不忘企业利益的员工，才是所有企业需要的人才。

　　对企业负责，就是对自己负责。一个人不管供职于哪一家公司、从事哪一种职业，都应该认真负责地将工作做好，尽自己最大的努力让公司不断发展。要知道，在现实生活中，领导也总是喜欢那些时刻为了公司利益挺身而出、能够担当重任、有着超强责任心的员工。

比尔·波特是一名推销员，他每天上班要花三小时才能到达公司。不管多么辛苦，比尔都坚持着这段令人筋疲力尽的路程。在他看来，工作就是他的一切，他以此为生，同时也以此体现生命的价值。

然而，他的这一生要比一般人艰难得多。母亲生他的时候，大夫用镊子助产，不慎夹碎了他大脑的一部分，导致他患上了大脑神经系统瘫痪，影响到说话、行走和对肢体的控制。长大后，人们都认为他肯定在神志上会存在严重的缺陷，福利机构还认定他为"不适于被雇用的人"。

比尔应该感谢他的母亲，是她一直鼓励他做一些力所能及的事情，她一次又一次地对他说："你能行，你能够工作，能够自立！"比尔受到母亲的鼓励后，开始从事推销工作。最初，他向福勒刷子公司申请工作，这家公司拒绝了他，并说他根本不适合工作。接着，几家公司采用同样的态度回复他，但比尔没有放弃，最后，怀特金斯公司很不情愿地接受了他，但也提出了一个条件：比尔必须接受没有人愿意承担的波特兰、奥根地区的业务。虽然条件苛刻至极，但毕竟有一份工作了，比尔当即答应了。

1959年，比尔第一次上门推销，犹豫了许久，他才鼓起勇气按响门铃。第一家没有买他的商品，第二家、第三家也一样……但他坚持着，即使顾客对产品丝毫不感兴趣，甚至嘲笑他，他也不灰心丧气。终于，他取得了成绩。

每天辛苦工作，当晚上回到家时，他已经筋疲力尽，他的关节会痛，偏头痛也时常折磨着他。每隔几个星期，他会打印一份顾客订货清单。由于只有一只手行动方便，这项别人做起来非常简单的工作，他却要花去10

小时。他辛苦吗？当然辛苦，但心中对公司、对工作、对顾客，以及对自己的虔敬之意支撑着他，他什么苦都能够顶住。就这样，比尔的业绩不断增长。在他做到第 24 年时，他已经成为销售技巧最好的推销员。

进入 20 世纪 90 年代时，比尔六十多岁了。怀特金斯公司已经有了六万多名推销员，不过，他们是在各地商店推销商品，只有比尔一个人仍然是上门推销。许多人在打折商店购买怀特金斯公司的商品，因此，比尔的上门推销越来越难，面对这种趋势，比尔付出了更多的努力。

1996 年夏天，怀特金斯公司在全国建立了连锁机构，比尔再也没有必要上门推销了。但此时，比尔成了怀特金斯公司的"产品"，他是公司历史上最出色的推销员、最敬业的推销员、最富有执行力的推销员。公司以比尔的形象和事迹向人们展示公司的实力，还把公司的第一份最高荣誉 —— 杰出贡献奖给了比尔。

很显然，像比尔这样的人，才是让企业最为放心的员工。和一般人相比，比尔几乎没有任何优势，但值得庆幸的是，他对工作岗位的热爱和高度负责，自始至终都无人能及。如果没有强烈的担当精神为依托，他不可能从最开始的那个被众多企业拒收、不看好的员工，渐渐成长为现如今怀特金斯公司的最佳形象代表。

众所周知，有担当是人这一生中必不可少的东西，如果我们没有了担当精神，我们将变成一个让别人厌恶的人；如果我们没有了担当精神，我们将一事无成；如果我们没有了担当精神，别人就会对我们失去信心！

所以，如果我们想在工作上干出一番成就，就必须心怀担当，积极主动地聚焦岗位责任，誓做一名让企业放心的优秀员工。

培养强烈的担当意识

在实际的工作中，担当意识就像一张防护网，它天然地树立起一道屏障，将所有可能出现的问题隔绝开来，时刻保证我们的工作顺利进行。可以说，我们的担当意识越是强烈，我们越是能将工作做到完美。

无论我们从事何种工作，都要努力培养自己强烈的担当精神，因为它决定了我们日后事业上的成败。一个人一旦领悟了强烈的担当精神能保证工作做到最好这一秘诀，那就等于拿到了开启成功之门的钥匙。要知道，拥有强烈担当精神的员工，往往能处处用主动尽职的态度去解决工作中遇到的任何问题。所以，哪怕他从事的是最平庸的职业，最后也能取得事业上的成功。

一天下午，在日本东京奥达克余百货公司，售货员彬彬有礼地接待了一位来买唱机的女顾客，最后为其挑了一台未启封的"索尼"牌唱机。事后，售货员清理商品时发现，原来自己错将一个空心唱机货样卖给了那位女顾客。于是，她立即向公司警卫做了报告。警卫四处寻找那位女顾客，却始终不见她的踪影。

经理接到报告后，觉得事关顾客利益和公司信誉，事件非同小可，马上召集有关人员开会。当时他们只知道那位女顾客叫基泰丝，是一位美国记者，还有她留下的一张"美国快递公司"的名片。据此仅有的线索，奥达克余公司公关部连夜开始了近乎大海捞针的寻找。他们先是打电话，向东京各大宾馆查询，但毫无结果。后来又打国际长途，向纽约的"美国快递公司"总部查询，深夜接到回话，得知基泰丝父母在美国的电话号码。紧接着，他们又给美国打国际长途，找到了基泰丝的父母，进而打听到基泰丝在东京的住址和电话号码。几个人忙了一夜，总共打了35个紧急电话。

第二天一早，奥达克余公司给基泰丝打了道歉电话。几十分钟后，奥达克余公司的副经理和提着大皮箱的公关人员乘着一辆小轿车赶到基泰丝的住处。两人一进客厅见到基泰丝，就深深地鞠躬，表示歉意。他们除了送来一台新的"索尼"唱机外，又送了唱片一张、蛋糕一盒和毛巾一套。接着副经理打开记事簿，宣读了大家通宵达旦查询基泰丝的住址及电话号码，及时纠正这一失误的全部记录。

基泰丝深受感动，她坦率地说自己买这台唱机是准备将其作为见面礼送给外婆的。回到住所后，她打开唱机试用时才发现，唱机没有装机心，根本不能用。当时，她火冒三丈，觉得自己上当受骗了，所以，她立即写了一篇题为《笑脸背后的真面目》的批评稿，并准备第二天一早就到奥达克余公司兴师问罪。

没想到，奥达克余公司为了一台唱机，花费了这么多的精力。

他们如此强烈的担当意识让基泰丝深为敬佩，她撕掉了批评稿，重写了一篇题为"35次紧急电话"的特写稿。

这篇特写稿见报后，引起了强烈的反响，奥达克余公司一心只为顾客着想的良好形象从此深入人心。

当一个人意识到自己在工作中的责任并愿意承担时，担当就可以让人变得坚强和勇敢，就能激发人所有的潜能，调动人全部的热情，使之积极主动、认真负责地对待自己的工作，将工作做到完美，成功维护好所在企业的对外形象。

奥达克余公司的员工无疑做到了这一点。自始至终，他们都展现出了优秀员工应有的职业素养，强烈的担当意识鞭策他们不断寻求解决问题的最佳办法。为了找到基泰斯，他们不惜一切代价，一夜之间竟然打出了35个紧急电话，在得知基泰斯的住址后，他们又马不停蹄地赶过去致歉，并送上全新的唱机和额外的小礼物。

莎士比亚曾说："我们宁愿重用一个活跃的侏儒，也不要一个贪睡的巨人。"在平时的工作中，若不能意识到担当的重要性，那巨人再高大也是枉然；而侏儒虽矮小，但只要有强烈的担当精神，那他最后依旧能干出一番骄人的成就，从一大群人中脱颖而出。

每天，在青岛港，等候进出港的国内外货轮上百艘。

清晨，彼得船长驾驶的货轮驶入港口。距离码头六百多米之外的这间远程操控室，直接决定着彼得船长的货船能不能准时离开港口。此时，彼得船长的货轮，正在装载集装箱，十个小时后他接到通知，可以离开港口了，这让他很意外，因为这比他计划的整整提前了五小时。对他来说，提前了五个小时，就意味着节省下五万美元的停泊费。

三年前，王崇山迎接挑战，从人工码头投入全自动化码头的建设中，成为全亚洲第一个桥吊远程操控员。但是难题来了，远程操控比起现场人工操作，没有手感。

为了解决这些难题，王崇山拿出了蚂蚁啃骨头的劲头，一个月就写下了四五万字的实践操作笔记，争分夺秒地和时间赛跑，吃饭休息时也要讨论研究几个问题。对于团队的成员来说，自动化远程操控给了大家一个全新的舞台，每个人都非常珍惜。

2017 年 5 月 11 日，青岛港全自动化码头正式启动，王崇山和他的团队首次吊装就达到了全球自动化码头运营以来的最高成绩。这一天，王崇山在朋友圈里，把名字改成了"无人的海边"，写下了这样的留言"不忘初心的坚定，不想旅途的艰难，我将和我的战友们，一往直前。"

从常规人工码头，到实现全自动化操作，王崇山的经历告诉我们，心怀担当精神的人遇到问题，第一反应就是想办法解决问题。强烈的担当精神让他们在工作上有着异于常人的进取心，所以他们总能比别人走得更远，总能比别人领先一步到达目的地。

总之，一个人的担当精神有多强烈，那他的事业舞台就有多广阔。我们若是想在工作上有所作为，从现在开始就要着重培养自己强烈的担当精神。

有担当能成就自我

行走职场，我们每个人都想牢牢地守住自己的工作，不仅如此，我们还渴望实现升职又加薪的美梦。可是世间没有免费的午餐，我们若想得到，首先就必须学会付出。尤其是在竞争激烈的现代职场，唯有负得起责任，勇于担当，我们才守得住工作。

在一家电脑销售公司里，老板吩咐三位员工去做同一件事：到供货商那里去调查一下电脑的数量、价格和品质。

第一个员工十分钟后就回来了，他并没有亲自去调查，而是随便向别人打听了一下供货商的情况就回来汇报。

30分钟后，第二个员工回来复命，他亲自到供货商那里了解了一下电脑的数量、价格和品质。

第三个员工90分钟后才回来汇报。原来，他不仅亲自到供货商那里了解了电脑的数量、价格和品质，还根据公司的采购需求，将供货商那里最有价值的商品做了详细记录，并和供货商的销售经理取得了联系。另外，在返回途中，他还去了另外两家供货商那里了解一些相关信息，并将三家供货商的情况做了详细的比较，制订出了最佳购买方案。

结果，第二天公司开会，第一位员工被老板训斥了一顿，并得到警告，如果下一次再出现类似情况，公司将毫不留情地辞退他；第二位员工则被老板完全忽视，既没有遭到批评，也没有得到表扬；而第三位员工则因为恪尽职守、对工作高度负责，被老板提升为所在部门的主管，薪水还因此翻了几番。

其实，这样的结果并不令人惊讶。明眼人都看得出，第一位员工对待工作的态度非常草率，只知道敷衍了事，一点儿担当意识都没有。而第二位员工，虽不能说他没有担当意识，但我们都很清楚他充其量只能算是被动听命，就像一个被下了指令的机器人一样，非常机械地完成上级安排给他的工作任务，从来都不知道要多花点心思去想想自己要怎么样才能把工作做到完美。毫无疑问，这两种员工都不是老板期待的人才。

由此可见，若想成为一个备受老板赏识的优秀员工，我们就必须以第三位员工为榜样，尽职尽责地对待工作。《慎子·知忠》有云："故廊庙之材，盖非一木之枝也；粹白之裘，盖非一狐之皮也。"没错，任何伟大的工程都始于一砖一瓦的堆积，任何耀眼的成功也都是从一步一步中开始的。所以，不管我们现在所做的工作是多么微不足道，我们也必须以高度的担当精神把它做好，这也是我们屹立职场的不二法门。

美国杰出的计算机科学家格蕾丝·霍珀便是最好的例子。

电脑程序代码以前只能用数字或者二进制码来编写，这使得写代码和改错非常困难。霍珀开始怀疑为什么代码必须是数字，并提出一种完全不同的方案。

大家都觉得她疯了，认为肯定行不通，但她还是坚持着。最后，她发明了计算机编程语言，终于能把那无数行的数字变成英文单词。很显然，这是个惊人的突破，她也因此成为获得《计算机科学》年度奖的巾帼第一人。

其实，霍珀所做的事情并没有任何人来指派，这也不是她岗位职责的一部分，但她就是做了，并取得了骄人的成就。她对待工作的努力和负责，不仅造福了全世界，同时也造福了她自己。

这个故事告诉我们一个道理，那就是无论我们从事何种工作，都应该静下心来，脚踏实地地去做。要知道，我们把时间花在哪里，就会在哪里看到成绩。只要我们是认真负责地在做，我们的成绩就会被大家看在眼里，我们的行为就会受到老板的赞赏，我们就能像霍珀那样牢牢地守住自己的工作。

要知道，那些在职场上表现平庸的员工，都是一群不愿意受约束、不严格要求自己，以及对待工作缺少必要担当意识的人。他们最后也将一事无成，白白地蹉跎掉自己的年华。

综上所述，只要我们还是公司的一员，就应该彻底抛弃自己脑海中消极懒散的思想，全身心地投入到自己的工作中去，时刻在岗位上尽职尽责，勇于担当，处处为公司利益着想。只有这样，我们才能成为一名卓越的员工，我们才会获得信任，并最终拥有更为广阔的工作舞台。

负得起责任，挑得起担当，才守得住工作，这是不变的真理。无论是荣誉还是财富，生活总会给予我们应得的回报，前提条件是我们必须学会改变自己的工作态度，努力培养自己对岗位强烈的担当精神。

对工作有担当就是对自己负责

在平时的工作中，我们经常会听到这样的话："我一不在头，二不在尾，关我什么事儿，我才懒得管！"不难发现，说这样话的人，总认为自己不是领导，也不是名人，只是所在企业的一名微不足道的员工，每天干着并不重要的工作，做好做坏都没多大关系。

毫无疑问，这种想法是不对的。在这个世界上，从来都不存在不需要负责的工作。换言之，工作即意味着担当，意味着责任，每一个职位所规定的工作任务就是一份担当，所以只要我们还从事这份工作，就不管这项工作是伟大还是平凡，我们都要肩负起属于自己的这份担当，努力将工作做到完美。

回顾历史，那些事业有成的人士，无不具有勇于担当的品质。

美国著名出版家和作家阿尔伯特·哈伯德说过："所有成功者的标志都是他们对自己所说的和所做的一切负全部责任。"毫无疑问，这句话的潜台词是，无论我们从事何种工作，无论我们所处何种职位，若想取得事业上的成功，实现自己的人生价值，我们就必须学会对自己的工作担当。

杰克·法里斯 13 岁时在父母开办的加油站工作。加油站里有三个加油泵、两条修车地沟和一间打蜡房。当时，法里斯的本意是想学修车，但父亲却让他在前台接待顾客，尽管他很不情愿，但还是不敢违逆父亲的意思。

当有汽车开进来时，法里斯必须在车子停稳前就站到车门前，然后开始逐个检查油量、蓄电池、传动带、胶皮管和水箱。法里斯注意到，如果他干得好的话，顾客一般还会再来。于是，法里斯总是选择多干一些，他时常帮助顾客擦去车身、挡风玻璃和车灯上的污渍。

有段时间，每周都有一位老太太开着车来清洗和打蜡，但这辆车的车内地板凹陷极深，很难打扫。其实，这些都不算什么，最让法里斯头疼的是，他感觉这位老太太极难打交道。原来，每次当法里斯帮她把车拾掇好时，她都要再仔细检查一遍，然后又让法里斯重新打扫，直到清除完车内的灰尘，她才心满意足地付账离开。

终于有一次，法里斯实在忍受不了了，他不愿意再为那位挑剔的老太太服务了。就在这个时候，他的父亲告诫他说："亲爱的孩子，你要记住，这就是你的工作，不管你的顾客有多难伺候，你都必须做好你的工作，因为这是你的责任。"

父亲的话让法里斯深受震动，为此，他重拾自己对那位老太太应有的耐心和礼貌。多年以后，每当有年轻人向他讨教成功的秘诀，他总是说："别小看在加油站的那份工作，正是因为它，我才真正学会该如何对待顾客，我才真正明白什么叫职业道德。"

很多人在读完这个故事后都会有这样的感觉，法里斯的年纪那么小，在加油站工作不过是小孩子闹着玩，他的父亲有必要对他那么严格吗？

殊不知，这才是法里斯父亲的高明之处，在他看来，一个人既然已经从事了一份工作，选择了一个岗位，就必须尽自己的全力做好这份工作。年仅 13 岁的法里斯，也必须对这份工作负起责任来，绝不能仅仅享受工作给自己带来的快乐。

众所周知，每一个人都会在工作中遇到棘手的难题，其实，越是这个时候，我们越是要沉住气，千万不能因为一时的苦恼而对工作敷衍了事。我们要像法里斯的父亲所说的那样，选择了一份工作，就要做好为它担当到底的心理准备。

罗骋是一名带电作业工，17 年来，一直从事着高压线路抢修工作。无论高山还是陡坡，酷暑还是严寒，凡是急难险重的时候，高空铁塔上总有他的身影。因为危险，他们这个职业被称为"高压线上的穿行者"。

由于输电管理所带电作业班常年担负着昆明地区 35 千伏及以上主网的带电作业、日常大修、事故抢修以及抗旱救灾、节假日保供电等工作，多年来，凡是急难险重的时候，高山陡坡上的铁塔上，总有罗骋和他的同事的身影。

在多次处理因外力破坏造成的线路缺陷和更换 500 千伏、220 千伏、110 千伏、35 千伏绝缘子串时，罗骋总是身先士卒，手提肩扛五十多千克重的磁瓶卡具，从山下往山上走，步行两个多小时，上到海拔两千多米的山上，爬到五十多米高的铁塔上作业。他在铁塔上作业时间最长的一次，竟足足干了八小时。

罗骋作为班长，业务中注重培训，手把手教年轻员工技术操作，将自己的业务技能和工作经验毫无保留地传授给年轻员工。近年来，通过他的培训和带动，班里多名员工取得高级工资格。

总之，在实际的工作中，担当永远是一个我们绕不开的话题，工作就是担当，如果我们想要保住自己的工作，想要拥有美好的未来，就必须心甘情愿地戴上责任的"枷锁"，这将会是我们这一生最甜蜜的负担之一。

在岗 1 分钟，尽责 60 秒

一个人做一件好事并不难，难的是一辈子做好事。其实，工作也是这么一个道理，我们都有对工作担当的时候，但是很少有人能做到每时每刻都对工作担当。相信很多人有过这样的经历，领导在的时候，我们挺起腰杆，专心致志地工作；领导不在的时候，我们驼背弯腰，心不在焉地工作。归根结底，我们之所以会有这两种截然不同的工作状态，完全是因为我们对自己的岗位还不够负责。也就是说，我们根本无法做到在岗 1 分钟，尽责 60 秒。

很显然，一个人如果做不到随时对自己的工作有担当，那他肯定没有办法保证在工作中不出现一丝差错，最后自然也就无法向领导交上一份完美的答卷。从短期来看，他的失职会给公司带来损失，而从长期来看，他的失职则很有可能让他丢掉自己赖以为生存的饭碗，并最终与事业上的成功擦肩而过。

有三个人到一家建筑公司应聘，经过一轮又一轮的考试，最后他们从众多的求职者中脱颖而出。公司的人力资源部经理对他们说了一句"恭喜你们"，然后就将他们带到了一处工地。

工地上有三堆红砖乱七八糟地摆放着。人力资源部经理告诉他们，每人负责一堆，将红砖整齐地码成一个方垛，说完，他就在三个人疑惑的目光中离开了工地。这个时候，甲说："我们不是已经被录用了吗？为什么将我们带到这里？"乙说："我应聘的职位可不是搬砖工，经理是不是搞错了？"丙说："不要问为什么了，既然让我们做，我们就做吧。"然后，丙就带头干起来。

甲和乙同时看了看丙，只好跟着干了起来。还没完成一半，甲和乙明显放慢了速度，甲说："经理已经离开了，我们歇会儿吧。"乙跟着也停了下来，丙却一直在工作。

人力资源部经理回来的时候，丙几乎快完成了全部工作，而甲和乙只完成了1/3的工作量。经理对他们说："下班时间到了，你们先歇会儿吧，下午接着干。"甲和乙如释重负地扔掉了手中的砖，而丙却坚持将最后的十几块砖码齐。

回到公司，人力资源部经理郑重地对他们说："这次公司只聘用一位设计师，获得这一职位的是丙。"

不难发现，甲和乙之所以会落聘，是因为他们对工作缺乏担当精神，在接到上级交代给他们的任务后，一开始他们就心存抱怨和疑虑，不愿意立即投入到工作中去，等经理离开后，他们又消极怠工。而丙却自始至终表现出了强烈的担当精神，在整个过程中，他一直心无旁骛地工作，可以说是尽职尽责，没有丝毫的懈怠。毫无疑问，丙表现出来的正是一种"在岗 1 分钟，尽责 60 秒"的对工作强烈的担当精神，这样的员工当然是每家公司都渴望得到的。

像丙这样对工作有强烈担当精神的员工，根本用不着领导时刻在场监督，他们自会在每一个工作环节中力求完美，按质按量地完成任务。

微软一直都非常重视对员工担当精神的培养。而正是基于这种做法，比尔·盖茨才一手打造出了微软商业帝国。

一个人若想将自己的本职工作做到位，就必须学会任何时候都要对自己的工作有担当。不管做什么事情，只要我们还在这个岗位上，我们就要竭尽全力，对工作担当到底。

有一天，一群男孩在公园里做游戏。在这个游戏中，有人扮演将军，有人扮演上校，也有人扮演普通的士兵。有个"倒霉"的小男孩抽到了士兵的角色，他要接受所有长官的命令，并丝毫不差地完成任务。

"现在，我命令你去那个堡垒旁边站岗，没有我的命令，不准离开。"扮演上校的亚历山大指着公园里的垃圾房神气地对小男孩说道。"是的，长官。"小男孩清脆地答道。接着，"长官"们离开现场，小男孩来到了垃圾房旁边，开始站岗。时间一分一秒地过去了，小男孩的双腿开始发酸，双手开始无力，天色也渐渐暗下来，却还不见"长官"们来解除任务。

此时，一个路人经过，说公园里已经没有人了，劝小男孩回家。可是倔强的小男孩不肯答应。"不行，这是我的任务，我不能离开。"小男孩坚定地回答道。"那好吧。"路人拿这位倔强的小家伙没有办法，"希望明天早上到公园散步的时候，还能见到你，到时我一定跟你说声'早上好'。"他开玩笑地说道。

听完这句话，小男孩开始觉得事情有些不对劲，他想，也许小伙伴们真的回家了。于是，他向路人求助道："其实，我很想知道我的长官现在在哪儿。你能不能帮我找到他们，让他们来给我解除任务。"路人答应了。过了一会儿，他带来了一个不太好的消息：公园里没有一个小孩子。更糟糕的是，再过十分钟，这里就要关门了。小男孩开始着急了，他很想离开，但是没有得到离开的准许。

难道他要在公园里一直待到天亮吗？

正在这时，一位军官走了过来，他了解了情况后，立马脱去身上的大衣，亮出自己的军装和军衔。接着，他以上校的身份郑重地向小男孩下命令，让其结束任务，离开岗位。回到家后，他告诉自己的夫人："这个孩子长大以后一定是名出色的军人。他对工作岗位的担当意识让我震惊。"

军官的话一点儿也没错。多年以后，小男孩果然成了一位赫赫有名的军队领袖，他就是美国著名军事家、陆军五星上将——奥马尔·纳尔逊·布莱德雷。

只有拿出像故事中布莱德雷将军那样对所在岗位尽职尽责的态度，我们才能激发自己全部的潜能，直至顺利圆满地完成任务。

在岗 1 分钟，尽责 60 秒，这话说起来简单，做起来却无比艰难，但越是艰难，我们也越是能洞见担当之于工作的重要性。要知道，没有担当精神的军官不是合格的军官，没有担当精神的员工不是优秀的员工，担当精神会让我们在岗位上表现得更加卓越。所以，面对工作，我们务必时刻保持着强烈的担当精神，将自己的工作做到位。

第三章

提升责任感，做一个有担当的人

担当精神比工作能力更重要

在实际的工作中，一个员工的能力再强，如果他做事不够有担当，那他就不能出色地完成任务，为企业创造价值；而一个员工如果自身的担当精神很强，即使他能力稍逊一筹，通过努力，他也能够完成任务。所以，从某种程度上来说，担当精神比工作能力更为重要。

事实证明，如果能带着强烈的担当精神去工作，人们完全可以在实践中逐步提高自己的工作能力，从而将手头上的工作越做越好。

另外，现代职场非常讲究分工合作，如果我们自身具备强烈的担当精神，就算能力稍有不足，最终也可以通过与其他同事的合作成就自己的一番事业。反之，如果一个人对工作缺乏必要的担当，精神不振作，精力不集中，不明确自己承担的责任，不理解自己肩负的使命，即使他学识再广、素质再高、能力再大，也不堪重用。

有一位年轻护士第一次担任手术室责任护士。就要开始缝合伤口了，护士清点完器械和纱布后，着急地对外科大夫说："大夫，你只取出了11

块纱布，可我们用了 12 块。"

"我已经都取出来了，"外科大夫断言说，"我们现在就开始缝合伤口。"

"不行！"年轻护士阻止说，"我们用了 12 块纱布。"

"由我负责好了，"大夫严厉地说，"缝合！"

年轻护士激烈地抗议说："你不能这样做，我们要为病人负责！"

就在这时，大夫微微一笑，举起他手中的第 12 块纱布，然后称赞她说："你是一位合格的护士。"显然，他是在考验年轻护士是否具有强烈的担当精神、是否对自己的工作负责。

现在各行各业广纳贤才时，条件上都会注明"勇于担当"这一条。可想而知，担当精神对于我们每位员工来说有多么重要。所以，我们应该不断提升自我的担当意识，努力做一个勇于担当的好员工。要知道，当今社会并不缺乏有能力的人，既有一定能力同时又对工作勇于担当的人，才是每位管理者想要的人才。

松下幸之助曾经说过："对产品来说，不是 100 分就是 0 分。"在他看来，任何产品只要存在一丝一毫的质量问题，都意味着失败。其实，这句话放在员工身上也是非常合理的，如果一个人对待工作认真负责的程度达不到 100 分，那他就是名副其实的"零分"员工。

众所周知，德国人向来以严谨闻名于世。对此，国内一家房地产公司的老总曾回忆道："1987 年，一个与我们公司合作的德国公司的工程师，为了拍项目的全景，本来在楼上就可以拍到，但他硬是徒步走了两公里爬到一座山上，连周围的景观都拍得很到位。

"当时我问他为什么要这么做，他只回答了一句：'回去董事会成员会向我提问，我要把这整个项目的情况告诉他们才算完成任务，不然就是工作没做到位。’”

这位德国工程师的个人信条就是：“我要做的事情，不会让任何人操心。任何事情，只有做到100分才是合格，99分都是不合格。”

相信这位德国工程师的个人信条让很多人目瞪口呆，因为大部分人在工作上从来没有如此严苛地对待自己。现实的情况是，企业里的很多员工都是做一天和尚撞一天钟，在工作上一点儿也不追求精益求精，对于领导交代的任务，往往选择随便应付了事。

常言道，千里之堤，溃于蚁穴。这句话并没有夸大其词，要知道，现实工作中出现的很多问题，往往都是因为我们缺乏必要的担当精神，在一些小事上没有做到位。

工作无小事，我们若想将工作做到尽善尽美，就必须努力加强担当意识，坚决拒当"差不多"员工，认真对待工作中的每件事。

一个商店老板需要招聘一个小伙计，他在商店的窗户上贴了一张招聘的广告——"招聘：一位能自我克制的男士。每星期35美元，优秀者可以拿55美元。"

每位求职者都要经过一个特别的考试。小伙子罗伯特看到广告后也前来应聘，他忐忑地等待着，终于，轮到他出场了。

商店老板问道："你能朗读吗？"

"能，先生。"罗伯特认真答道。

"你能读一读这一段吗？"商店老板把一张报纸放在罗伯特面前。

"可以，先生。"

"你能一刻不停顿地朗读吗？"

"可以，先生。"

"很好，跟我来。"商店老板把罗伯特带到他的私人办公室，然后把门关上。紧接着，他把这张报纸递到罗伯特手上。

朗读刚一开始，商店老板就放出一只可爱的小狗，小狗跑到罗伯特的脚边，蹭着他的小腿嬉戏玩闹。在这之前，许多能力比罗伯特要强的应聘者，都因受不住诱惑去看可爱的小狗，视线离开了朗读材料，因此而被淘汰。但是罗伯特始终没有忘记自己的任务，他知道自己当下是求职者，所以他成功抵制住诱惑，一口气读完了那段文字。

商店老板很高兴，他问罗伯特："你在朗读的过程中有没有注意到你脚边的小狗？"

罗伯特如实答道："我有注意到，先生。"

"我想你应该知道它的存在，对吗？"

"对，先生。"

"那么，为什么你不看它们一眼呢？"商店老板好奇地问道。

"因为你告诉过我要不停顿地读完这一段文字。"

"你总是能信守自己的诺言，对工作认真负责吗？"

"的确是，我一直在努力地去做，先生。"

听完罗伯特的回答后，商店老板在高兴地对罗伯特说道："你被录取了，你就是我想要找的人。"

通过这个故事，我们可以清楚地看到，罗伯特之所以会打败那些能力出众的应聘者，全要归功于他自身强烈的担当精神。不可否认，智商的高低、经验的多寡在工作中固然重要，但关键还在于我们是否有强烈的担当精神。

在平时的工作中，我们经常会听到有人这样说："用中等的人才，可以办成上等的事情，而用上等的人才，却不一定能够办成中等的事情。"其实，这句话中蕴含的道理并不难理解，归根结底还是一个人有无担当精神的问题。

总之，工作能不能做到完美，能力永远不是最重要的，关键还在于我们是否对工作尽职尽责。毫无疑问，那些具备强烈担当精神的员工，总是把企业的利益视为自己的利益，他们会因为自己的所作所为影响到企业的利益而感到不安，所以加倍地鞭策自己，努力肩负起自己的职责，处处为企业着想。

所以，不论从事什么工作，也不论职位高低，我们都要深刻认识到，担当精神远比能力更重要。为了早日获得成功，我们每个人都要竭尽全力提升担当意识，争当一个对工作有担当、对岗位有担当的优秀员工。

积极主动地工作

一个人如果想在工作中脱颖而出，最重要的一点是：能够带着勇于担当的精神主动地去工作。要知道，我们在工作中越是认真负责，越是勇于担当，越是积极主动，那最后就越能得到身边人的认可和信赖。

《致加西亚的信》一书中曾说："世界会给你以厚报，既有金钱也有荣誉，只要你具备这样一种品质，那就是主动。"如果仔细观察周边的成功人士，我们会发现，所有的成功人士都有一个共同的特点，那就是他们对自己所从事的工作有着异于常人的积极主动的态度，正是这种态度指引他们最终走向成功。

有些人经常无奈地说："我也想主动，但是我不懂，不知道应该怎么做。"其实，所谓的主动，指的就是随时准备把握机会。换言之，主动就是不用别人耳听面命，我们也能出色地完成工作。

实际上，但凡我们是一个有担当精神的人，我们就不会有被动之人的那些困扰，因为不用别人吩咐交代，担当意识自会驱使我们主动去了解自己应该做什么，还能做什么，以及怎样才能做到精益求精。

小宋和小张同一时间进入一家快餐厅当服务员，她们俩年纪差不多大，刚开始都拿着相同的薪水。可是没过多久，小宋就得到了老板的褒奖，很快加薪又升职，而小张却依然在原地踏步。

对此，小张感到很是不满，每天牢骚不断，周围其他的同事同样也心存疑虑。最后，老板为了让大家对自己的决定心服口服，特地让所有人站在一旁，仔细看看小宋是如何完成服务工作的。

这个时候，在冷饮柜台前，顾客走过来向小宋要一杯麦乳混合饮料。其实，在这种情况下，小宋只要把饮料递给客户就可以了，但她没有立刻这么做，而是微笑着问道："小姐，您愿意在饮料中加入一个还是两个鸡蛋呢？"

顾客不假思索地回道："哦，一个就够了。"

就这样，小宋看似"多此一举"的一句话，成功地让快餐厅多卖出一个鸡蛋，因为在麦乳饮料中加一个鸡蛋通常是要额外收钱的。

老板语重心长地说道："据我观察，我们大多数服务员是这样提问的：'小姐，你愿意在你的饮料中加一个鸡蛋吗？'而这时顾客的回答通常是：'哦，不，谢谢。'所以，对于像小宋这种能够在工作中积极主动想办法解决问题的员工，我完全没有理由不给她加薪升职。"

确实，一个有着强烈担当精神的员工，往往都具备积极主动工作的意识，他们会主动为自己设定工作目标，就像故事中的小宋一样，积极主动地寻找解决办法，尽己所能为餐厅创造经济价值。

所以，如果我们想获得加薪和升迁的机会，那就必须不断提升自我的担当意识，永远保持主动工作的精神。小宋不就是一个最好的例子吗？她一开始也只是一个普通的服务员，可她并没有因为职位小而怠慢自己的工作，相反，她比谁都要认真负责，比谁都要积极主动。试问，成功能不敲响她的门吗？

在我们身边，每天都有很多人匆匆忙忙地上班、下班，一到固定的日子就去领自己的那份薪水，高兴一番或是抱怨一番之后，他们仍旧继续之前匆忙上班、下班的生活。不难发现，这种人每天的工作都是被动的，在他们身上，我们看不到积极、主动、创造力。

这些被动工作的人或许会觉得，"我每天早出晚归，按时上班，从不早退，老板交代什么我就做什么，不就是对工作负责的表现吗？"可老板却不这么认为，在老板看来，那些"你说什么我就去做什么，你不说我就懒得去做"的员工，实质上跟机器人没什么区别。既然只是一台工作机器，那势必就是一个需要老板不断监督和鞭策的人，而这样的人又怎能担得起"担当"二字呢？要知道，真正对工作负责的员工，总能想老板所想，急老板所急，积极主动地为老板排忧解难，竭尽全力地为公司创造效益。

一位投资商投资兴建了一家海洋馆，由于成本较高，海洋馆门票设为150元一张，但是这个价位对于市民来说有些偏高，很多想参观的人望而却步。开馆一年后，生意越来越冷清，实在坚持不下去的投资商只能"忍痛割爱"，把海洋馆低价转手给他人。新主人接手后，开始苦思经营之道。

这时，海洋馆的一位检票员对老板说，她有一个办法可以试一试。于是，老板按照她说的方法进行尝试，一个月后，来馆参观的人天天络绎不绝，海洋馆的生意越来越好。这些游客中，大约三分之一是儿童，三分之二是成人。那位检票员的方法就是：儿童可以免费参观。

通过这个故事，我们可以看到，这位检票员是一位具有担当精神的员工，她从未将自己的责任局限在现有岗位上，而是充分发挥自己的主观能动性，积极主动地为老板解决问题。相比于那些听令行事的"按钮式"员工，她当然更受老板的喜爱，我们当然有理由相信她的职场前途肯定一片灿烂。

积极主动地工作，同时为自己的所作所为承担责任，勇于担当，这才是我们身为员工该有的工作态度。我们要明白，对工作认真负责、勇于担当、积极主动的人，不管走到哪儿都能获得成功，而那些对工作敷衍了事、消极被动的人，不可能取得事业的成功。

我们都是责任链上的一环

美国企业家 M．K．阿什提出："承认问题是解决问题的第一步，你越是躲着问题，问题越会揪住你不放。"这就是著名的阿什法则。相信很多人都对此深有体悟。尤其在工作中，当我们犯错误的时候，脑子里往往会出现想隐瞒自己错误的想法。其实，承认现在的处境，直面自己的错误，才是解决问题的第一步。而一味地回避问题，只会让事情朝着最糟糕的方向发展。

众所周知，担当精神是一个人在职场上立足的重要资本。每一位管理者总是希望把工作交给那些有担当精神的人，谁也不会把重要的职位交给一个没有担当精神的人。原因很简单，有担当精神的人在问题出现时，从来都不会想着怎么去逃避自己的责任，相反，他会想尽一切办法去解决问题。

常言道，金无足赤，人无完人。任何一个人在工作中都难免有疏忽大意的时候，偶尔犯下错误也完全能够理解。其实，犯错并不可怕，真正可怕的是当我们因为粗心大意犯下错误时，脑子里想的竟然是如何合理地"落

"荒而逃"。这种不负责任、不愿担当的做法会让我们从此被打上"没有担当精神"的标签，在工作中得不到他人的信任。

所以，在实际的工作中，我们必须清楚地认识到，我们每一个人都是企业这台大机器中的一个小零件，只要一个零件出了问题，这台机器就无法正常运转。而越是这个时候，我们越是要携起手来，共同承担责任，一起解决问题。

20世纪70年代中期，索尼彩电在日本国内已经很有名气了，但是在美国却不被顾客所接受，因而，索尼在美国市场的销售相当惨淡。为了改变这种局面，索尼公司派出了一位又一位负责人前往美国芝加哥，可遗憾的是，被派出去的负责人一个又一个空手而回，并且他们都为自己的铩羽而归找各种理由。

但索尼公司依旧没有放弃美国市场。后来，卯木肇担任了索尼国外部部长。上任不久，他被派往芝加哥。当卯木肇风尘仆仆地来到芝加哥时，令他吃惊不已的是，索尼彩电竟然在当地寄卖商店里无人问津。卯木肇百思不得其解，为什么在日本国内畅销的优质产品，一进入美国竟会落得如此下场？

经过一番调查，卯木肇知道了其中的原因。原来，以前来的那些负责人曾多次在当地的媒体上发布削价销售索尼彩电的广告，此举让索尼在当地消费者的心目中贴上了"次品"的标签，索尼的销量自然会受到影响。

这个时候，卯木肇完全可以选择回国复命：前任负责人把市场破坏了，这不关我的事儿，不是我的责任！但他并没有那么做，他首先想到的是要如何做才能改变索尼在消费者心目中这种既成的印象，从而让销售现状有所好转。经过几天苦苦的思索，他决定找一家实力雄厚的电器公司做突破口，彻底打开索尼电器的销售局面。

当时，马歇尔公司是芝加哥市最大的一家电器零售商，卯木肇最先想到了它。然而，在求见马歇尔公司总经理的过程中，卯木肇可谓吃尽了苦头，他连续三次登门拜访才求见成功，最后对方还是拒绝售卖索尼的产品。可卯木肇还是不放弃，他一再地表示要立即着手改变索尼在消费者心目中的形象。

回去后，卯木肇立即从寄卖店取回货品，取消削价销售，在当地报纸上重新刊登大面积的广告，重塑索尼形象。做完了这一切后，卯木肇再次敲响了马歇尔公司总经理的办公室大门。这一次，对方告诉他索尼的售后服务太差，产品卖不出去。为此，卯木肇立即成立索尼特约维修部，全面负责产品的售后服务工作，并重新刊登广告，附上特约维修部的电话和地址，24小时为顾客提供服务。

虽然屡次遭到拒绝，但卯木肇还是痴心不改。最后，在他的争取努力下，马歇尔公司总经理终于同意试销两台索尼彩电，不过条件是，如果一周之内卖不出去，卯木肇要马上将彩电搬走。

没想到，一周之内两台索尼彩电成功卖了出去，至此，索尼彩电终于挤进了芝加哥的商店。随后，进入家电的销售旺季，短短一个月内，马歇尔卖出七百多台索尼彩电，索尼和马歇尔获得了双赢。

有了马歇尔这只"带头牛"开路，芝加哥的一百多家商店都开始销售索尼彩电。不出三年，索尼彩电在芝加哥的市场占有率达到了30%。

幸亏卯木肇没有放弃，关键时刻，他并没有像那些前任负责人一样逃避问题、推卸责任、不愿担当，而是勇敢地直面问题，最终通过自己的不懈努力，成功让索尼彩电占领了美国市场。不难发现，卯木肇是一个极具担当精神的员工，这种强烈的担当意识让他看到自己也是责任链条上的一环，唯有公司健康有序地发展壮大，自己才能拥有美好幸福的明天。

身为企业的一员，我们要多花点心思培养自己对工作的担当意识，一定要当好责任链条上的这一环，避免成为危及企业的害群之马。

用担当精神筑起安全的大堤

在企业生产中，几乎每一起安全事故的发生，都是由于细小的疏忽而导致的。如果我们每个人都多一分担当意识和安全意识，那悲剧就不会轮番上演。在安全和事故之间，只隔着担当精神。

其实，在实际的工作中，我们经常会听到"安全生产，人人有责"这样的口号，可口号毕竟只是一句空话，只有将担当精神彻底践行到工作中去，任何时候都不放松警惕，防患于未然，我们才能最大限度地消灭事故隐患，构筑起牢固的安全大堤。

巴西海顺远洋运输公司门前立着一块高5米、宽2米的石头，石头上面密密麻麻地刻满葡萄牙文字，讲述了一个关于责任的真实故事。

当巴西海顺远洋运输公司派出的救援船到达出事地点时，"环大西洋"号海轮消失了，21名船员不见了，海面上只有一个救生电台有节奏地发着求救信号。救援人员看着平静的大海发呆，谁也想不明白在这个海况极好的地方到底发生了什么，从而导致这条在当时最先进的船沉没。这时，有人发现电台下面绑着一个密封的瓶子，打开瓶子，里面有一张纸条，上面写着这样的话。

一水理查德：3月21日，我在奥克兰港买了一个台灯，想给妻子写信时照明用。

二副瑟曼：我看见理查德拿着台灯回船，说了句"这个台灯底座轻，船晃时别让它倒下来"，但没有干涉。

三副帕蒂：3月21日下午船离港，我发现救生筏施放器有问题，就将救生筏绑在架子上。

二水戴维斯：离港检查时，发现水手区的闭门器损坏，用铁丝将门绑牢。

二管轮安特耳：我检查消防设施时，发现水手区的消防栓锈蚀，心想还有几天就到码头了，到时候再换。

船长麦凯姆：起航时，工作繁忙，没有看甲板部和轮机部的安全检查报告。

机匠丹尼尔：3月23日上午，理查德和苏勒的房间消防探头连续报警。我和瓦尔特进去后，未发现火苗，判定探头误报警，拆掉交给惠特曼，要求换新的。

大管轮惠特曼：我说"正忙着，等一会儿拿给你们"。

服务生斯科尼：3月23日13点到理查德房间找他，他不在，我坐了一会儿，随手开了他的台灯。

机电长科恩：3月23日14点我发现跳闸了，因为这是以前也出现过的现象，我没多想，就将闸合上，没有查明原因。

三管轮马辛：感到空气不好，先打电话到厨房，证明没有问题后，又让机舱打开通风阀。

管事戴思蒙：3月23日14点半，我召集所有不在岗位的人到厨房帮忙做饭，晚上会餐。

最后是船长麦凯姆写的话：3月23日19点半发现火灾时，理查德和苏勒房间已经烧穿，一切糟糕透了，我们没有办法控制火情，而且火越烧越大，直到整条船上都是火。我们每个人都只犯一点点错误，但却酿成了人毁船亡的大错。

看完这张绝笔纸条，救援人员陷入了沉默，伫立在寂静的大海上，所有人仿佛清晰地看到了整个事故发生的过程。

正如船长麦凯姆所说，每个人都只犯了一点点错误，按理说，把每个人犯的这点错误单独拎出来，结果都不至于让这条船葬身于火海。可偏偏这些错误全部累积在一起，船上的人集体丧失担当精神，最后才造成了这场令人痛心不已的惨剧。

在这个世界上，人人都有自己的追求，有的人追求名利财富，有的人追求声望地位，不管追求什么，我们都不能忘了追求担当精神。因为担当精神关系到每一个人的生命安全，关系到每一个家庭的幸福美满，关系到每一家企业的长远发展。一个人如果缺乏担当精神，那无疑是对自我生命的不负责，对家庭的不负责，对工作的不负责，长此以往，其必然会害人害己，造成不可挽回的损失。

要知道，工作中的危险总是无处不在的，为此，我们一定要牢牢地抓住安全不放手。只有把安全放在心中，时时刻刻对安全负起责任，我们才能做好自己的本职工作，成为一名优秀的员工。

张耀文在一家造纸厂工作，对待工作认真负责的他，平时除了出色地完成领导交代给他的工作任务之外，他还特别注意造纸厂的安全问题。

这家造纸厂曾多次发生因员工吸烟引发的火灾事故，为此，领导对员工的吸烟问题三令五申，告诫大家一定不能在仓库抽烟。但是，大伙儿表面上答应得好好的，可背地里还是忍不住。于是，张耀文向领导建议，在仓库外专门成立一个吸烟室，领导想了想，很快就欣然答应了。

有一天，一位老前辈罔顾公司的规定，竟然在仓库抽起了烟。

其他的员工看到后都不敢吱声，唯独张耀文立马冲上前去劝阻道："刘哥，你不能在这儿抽烟呀，这要是不小心引发火灾，咱们可都逃不了啊！"

无奈的是，老刘完全不把他的话当回事，依旧我行我素。这下可把张耀文急坏了，他立马掏出手机拨通领导的电话。老刘见状，只好把烟头掐灭，随即搂着他的肩膀说："别别别，我错了！我去外面抽烟。"

后来，厂领导得知此事后，决定将张耀文提拔为仓库主管，全权负责仓库的安全问题。事实证明，厂领导的决定是正确的，在张耀文的管理下，造纸厂再也没有出现过任何火灾事故。

俗话说，安全在于责任，责任重于泰山。岗位的存在就意味着责任和使命的存在。假如一个人在工作中不能做到尽职尽责，那他就不是一个合格的员工。为了在工作中筑成安全的大堤，我们一定要努力提升自己的担当意识，誓当一个认真负责、勇于担当的好员工。

不忽略细节，对工作担当到底

老子说过："天下难事，必做于易；天下大事，必做于细。"

这句话很明确地向我们指出了一个浅显的道理：要想把一件事情做好，就要先从最简单的事情入手；而一个人要想成就一番事业，取得一定成就，必须注意每一个细小环节，对自己的工作负责到底、担当到底。

纵观古今中外，但凡取得一定成就的人，往往是那些始终注意细节的人。就拿希尔顿饭店的创始人康·尼·希尔顿来说吧，他始终坚信只有真正注意每一个细节，才能真正体现出一个人的担当精神来。所以，在平时的工作中，他时常要求自己的员工要认真对待每一件小事，把看似不起眼的细节做到异乎寻常的完美。

一家企业的副总裁凯普曾入住过希尔顿饭店。那天早上，凯普刚一打开门，走廊尽头站着的服务员就走过来向他问好。让凯普奇怪的并不是服务员的礼貌举动，而是服务员竟喊出了他的名字。

原来，希尔顿要求楼层服务员要时刻记住自己所服务的每个房间客人的名字，以便提供更细致周到的服务。当凯普坐电梯到一楼的时候，一楼的服务员同样也能够叫出他的名字，这让他很纳闷，服务员于是解释道："因为上面有电话过来，说您下来了。"

吃早餐的时候，饭店服务员送来了一个点心。凯普就问，这道菜中间红的是什么？服务员看了一眼，然后后退一步做了回答。凯普又问，旁边那个黑黑的是什么？服务员上前看了一眼，随即又后退一步做了回答。服务员为什么会后退一步？原来，她是为了避免自己的唾沫落到客人的餐点上。

或许，在很多人看来，这些都是一些不起眼的小事。但在商业社会中，只有将这些细节做到位，我们才能凭借超强的担当精神赢得别人的信赖。

众所周知，现如今，随着现代社会化分工越来越细和专业化程度越来越高，一个要求精细化的时代已经到来。产品的竞争就是细节的竞争，而产品的竞争将决定着企业的成败。希尔顿正是深谙人人都渴望被重视的这一微妙细节，所以才会要求员工记住客户的名字，从而让客户不由自主产生一种被重视、被尊重、被关怀的感觉，客户自然而然就会成为希尔顿饭店最为忠实的回头客。

一次，一位女乘客乘坐某航空公司的航班由济南飞往北京，途中，她连要两杯水后又请求再来一杯，还带着歉意说自己实在口渴。然而，空乘人员的回答让她感到很失望："我们飞的是短途，储备的水不足，剩下的水还要留着飞上海用呢！"在遭遇了这一"细节"之后，那位女士决定今后再也不乘坐这家航空公司的飞机了。

从表面上看，这家航空公司只损失那位女士一位乘客，可我们稍微想一想就会发现，这位空乘人员不负责任的服务态度今后很有可能会得罪更多的乘客。长此以往，该航空公司就不得不为自己的"忽略细节"付出高昂的代价。

员工任何一丁点的疏忽都可能会引发客户的不满，最后连带公司都会在客户的心目中落下个不负责任的不良印象。总之，细节无处不在，在实际的工作中，我们不管是身居高位，还只是一名普通的员工，唯有注重细节，我们才能获得成功，最终迈向人生的巅峰。

东京一家贸易公司有一位小姐专门负责为客商购买车票。她常给德国一家大公司的商务经理购买来往于东京、大阪之间的火车票。不久，这位经理发现了一件趣事：每次去大阪时，他的座位总在右窗口，返回东京时，他的座位又总在左窗边。

出于好奇，经理询问购票小姐其中的缘故，购票小姐笑着回答道："去大阪时，富士山在您右边，返回东京时，富士山又到了您的左边。我想外国人都喜欢富士山的壮丽景色，所以我替您买了不同的车票。"

听了购票小姐的话，这位德国经理十分感动，最后他把对这家日本公司的贸易额由 400 万欧元提高到 1200 万欧元。他认为，在这样一件微不足道的小事上，这家公司的职员都能够想得如此周到，那么，跟他们做生意还有什么不放心的呢？

通过这个故事，我们可以看到，重视细节表现了一种对工作极为负责的态度，也表现了极其强烈的担当意识。我们都知道，大千世界，有成就非凡的天才，也有碌碌无为的凡人，而两者的区别究竟在哪里呢？仔细想想，无非是前者自身的担当意识更强一点，更追求细节的完美罢了。

当然，也有很多人说："成大事者，不拘小节。"这固然是一种处事态度，但若是在工作中不注意细节，往往会贻误大事，最后影响自己的职场前途。所以为了保险起见，我们还是要树立一种认真负责、勇于担当的工作态度，不轻视任何一件小事。唯有如此，我们才能让自己越来越专业化，从而在职场上赢得更多升职加薪的宝贵机会。

用高标准要求自己

在企业里，我们可以看到形形色色的人，每个人都有属于自己的工作轨迹。有的人是领导重视的骨干员工，享受着高薪高职的优渥待遇；有的人一直碌碌无为，从未在岗位上做出任何成绩；有的人时常牢骚满腹，总觉得自己与众不同，可到头来却一无所成……众所周知，除了少数天才，我们大部分人的禀赋都相差无几，既然如此，那究竟是什么造成我们如今的差别呢？

答案当然是"态度"！每个人都有自己的工作态度，有的人对待工作敷衍了事，漫不经心，有的人对待工作认真负责，精益求精。可以说，工作态度决定我们的工作成果。相信每一位在职场打拼的人都有这样的体会：如果不按最高标准要求自己，自己就没有办法将工作做到完美。

女排精神曾被运动员们视为刻苦奋斗、勇于担当的标杆和座右铭，鼓舞着他们的士气和热情。更关键的是，它因契合时代需要，不仅成为体育领域的品牌意志，更被强烈地升华为民族面貌的代名词，演化成指代社会文化的一种符号。

女排精神之所以备受推崇，最重要的是那种足以流芳百世的不畏强敌、顽强拼搏、永不言弃的奋斗精神和担当精神。

中国女排的发展史，就是一部艰苦奋斗史。从白手起家到铸就辉煌，靠的是艰苦奋斗、勇于担当；从低谷再到巅峰，靠的仍然是艰苦奋斗、勇于担当。在国家经济基础薄弱、物资匮乏的年代，她们利用最为简陋的条件开展"魔鬼训练"，即使摔得遍体鳞伤也含泪坚持。

三十多年来，中国女排前进的道路上有辉煌也有挫折，但不论在什么情况下，中国女排一直顽强拼搏，坚持奋斗，勇于担当，永不言弃。处顺境就自强不息增创更大优势，处逆境则自强不息化劣势为优势，从不怨天尤人，始终以顽强拼搏的担当精神带给人们感动与鼓舞。即使是面对最强大的对手，她们也毫无惧色，一球一球拼、一分一分搏，直到比赛的最后一刻！

"努力不一定成功，但放弃一定失败。"正如中国女排，她们在经历了低迷期，仍然不放弃，担当精神让她们努力坚持奋斗再次荣登世界之巅。勇于担当是一种态度，只有勇于担当、坚持不懈地奋斗，人生才能趋于完美。

一群人正在铁路上工作，这时，一列缓缓开来的火车打断了他们的工作。火车停了下来，最后一节车厢的窗户打开了，一个低沉的、友好的声音响了起来："大卫，是你吗？"

大卫·安德森，这群人的负责人回答说："是我，吉姆，见到你真高兴。"

于是，大卫·安德森和这条铁路的总裁吉姆·墨菲进行了愉快的交谈。在长达一个多小时的愉快交谈之后，两人热情地握手道别。

大卫·安德森的下属立刻包围了他，他们对于他是墨菲铁路总裁的朋友这一点感到非常震惊。大卫解释说，二十多年以前，他和吉姆·墨菲是在同一天开始为这条铁路工作的。

其中一个人半认真半开玩笑地问大卫，为什么他现在仍在骄阳下工作，而吉姆·墨菲却成了总裁？

大卫非常惆怅地说："二十多年以前，我对自己的要求非常低，只做自己分内的事，有时候还会偷点儿懒，因为当时我的要求是每天能拿两美元就行了。而吉姆·墨菲对自己的要求非常高，他每天工作十几个小时，工作十分负责，从不敷衍，从不觉得累。而且他还说，他是为这条铁路而工作。"

美国成功学大师安东尼·罗宾说："如果你是个业务员，赚一万美元容易，还是十万美元容易？告诉你，是十万美元！为什么呢？如果你的目标是赚一万美元，那么你的打算不过是能糊口便成了。如果你不能给自己定下更高的标准，请问你工作时会兴奋吗？你会热情洋溢吗？"

这个最高标准怎么会有如此强大的推动力呢？归根结底，还是因为它里面蕴含了四个字——担当精神。对此，美国作家威廉·埃拉里·钱宁说过："一个人不管从事哪种职业，他都应该尽心尽责，尽自己最大的努力谋求进步，只有这样，追求完美的念头才会在我们的头脑中变得根深蒂固。"

很多人觉得自己的工作做得很好了，可事实真的是这样吗？

面对工作，我们真的已经发挥了自己的最大潜能吗？面对工作，我们真的已经全力以赴了吗？面对工作，我们真的按照最高标准严格要求自己吗？

要知道，成功者从来都不会以平庸的表现自满，不管做什么事情，他们都会带着强烈的担当精神全力以赴。所以，面对职场日益激烈的竞争，我们应该不断提升自身的担当意识，制定高标准，并严格按照这个最高标准来要求自己，努力超越平庸，将自己的工作做到完美。

你认为自己是什么样的人，就能够成为什么样的人，这就是态度的力量。同理，当我们按照最高标准来严格要求自己时，我们就能渐渐蜕变成一位卓越的员工，这便是担当精神的力量。总之，成功与否并不取决于我们是谁，而取决于我们究竟以何种态度来对待手头上的工作。

曾有记者问李嘉诚成功的秘诀，李嘉诚讲了一则故事：69 岁的日本"推销之神"原一平在一次演讲会上，有人问他推销的秘诀，他当场脱掉鞋袜，将提问的记者请上台，说："请您摸摸我的脚板。"

提问者摸了摸，十分惊讶地说："您脚板上的老茧好厚呀！"

原一平说："因为我走的路比别人多，跑得比别人勤。"

提问者略一沉思，顿时醒悟。

李嘉诚讲完故事后，微笑着说："我没有资格让你来摸我的脚板，但我可以告诉你，我脚底的老茧也很厚。"

关于李嘉诚，香港媒体曾有如下评价："李嘉诚发迹的经过，其实是一个青年奋斗成功的励志故事。一个年轻小伙子，赤手空拳，凭着一股干劲儿，创立出自己的事业王国。"别人做八个小时，他就做 16 个小时，不让自己闲下来，时时刻刻都处于忙碌的状态中，这就是李嘉诚锻炼自己的一种方法，同时也是他对待工作极为勇于担当的表现。不可否认，这种对待自己异于常人的高要求、高标准，确实让李嘉诚在事业上取得了夺目的成就。

从 55 岁开始，李嘉诚就一直被追问着退休计划。但他却告诉别人："我完全没有退休计划，我是一个真正的'工作狂'。"如今，李嘉诚仍然没有退休的打算。论财产、论成就，李嘉诚早就已经到了功成身退的时候了，但他却没有选择甩手不管，而是一如既往地严格要求自己，继续在自己的工作岗位上发光发热。

在不少战争片中，我们常常会见到这样的镜头：战役即将打响，常常有人向首长要求承担最艰巨、最危险的任务，并郑重承诺道："保证完成任务！"当首长问有什么困难时，"没有困难！"

这四个字往往是他们的答案。其实，身为员工，我们就是要拿出这种"保证完成任务"的决心和态度，按照最高标准要求自己，我们才能在工作中充满干劲，为了达到目标，努力克服一切困难。

用百分之百的责任心，解决百分之一的问题

俗话说："不怕一万，就怕万一。"很多时候，当一件事情的大致方向尘埃落定后，最后决定事情成败的往往是一些小问题。

章凯威是乌鲁木齐一家对外出口贸易公司的业务主管。一次，公司费尽心思拿到了一个大订单，由于时间紧张、任务繁重，老板要求所有员工在这段时间都加班加点地工作，并令章凯威全权负责此事。

最后，在章凯威的带领下，大伙儿好不容易在规定的时间内完成了任务。然而，就在所有人都觉得可以彻底松一口气的时候，客户一通电话打过来，气急败坏地指责他们工作没做好，产品统统要退货。

原来，这些产品的质量都没有问题，但在包装上却出了点小差错。包装上的厂址本来应该是"乌鲁木齐某厂"，最后却被印成"鸟鲁木齐某厂"。公司老板得知此事后，狠狠地将章凯威批评了一顿，说他没有责任心，连这点小事都把不好关。章凯威身为这个订单的总负责人，自知难辞其咎，只好主动要求降职降薪。

然而，这一切都难以力挽狂澜，整个公司的信誉还是受到了极大的损失。

通过这个故事我们明白一个道理，那就是若想工作不出现一丝纰漏，我们就必须用百分之百的责任心，去解决哪怕所有小问题。

如果我们不敏锐地注意到所有小细节，不带着百分之百的责任心去解决它，那任何一个小问题都会成为我们工作中的隐患，随时都有可能给予我们致命的一击。

德国化学家李比希曾经试着把海藻烧成灰，用热水浸泡，再往里面通氯气，这样就能提取出海藻里面的碘。但是他发现，在剩余的残渣底部，沉淀着一层褐色的液体，收集起这些液体，会闻到一股刺鼻的臭味。他重复做这个试验，都得到了同样的结果。这种液体是什么呢？

李比希想，这些液体是通了氯气后得到的，说明氯气和海藻中的碘起了化学反应，生成了氯化碘。于是，他在盛着这些液体的瓶子上贴了一个标签，上面写着"氯化碘"。

几年后，李比希看到了一篇论文——《海藻中的新元素》，他屏着呼吸，细细地阅读，读完懊悔莫及。

原来，论文的作者，法国青年波拉德也做了和他同样的试验，也发现了那种褐色的液体。和李比希不同的是，波拉德没有中止试验，他继续深入研究这褐色的液体有什么样的性质，与当时已经发现的元素有什么异同。最后，他判断，这是一种尚未发现的新元素。波拉德为它起名"盐水"。波拉德把自己的发现通知给巴黎科学院，科学院把这个新元素改名为"溴"。

《海藻中的新元素》就是关于溴的论文。

这件事，深深地教育了李比希。他把那张"氯化碘"的标签从瓶子上小心翼翼地揭下来，装在镜框里，挂在床头，不但自己天天看，还经常让朋友们看。后来，他在自传中写道："从那以后，除非有非常可靠的试验作根据，我再也不凭空地自造理论了。"

从此，李比希更认真、更严谨地从事研究工作。有一次，他到一家化工厂考察。当时工厂正在生产名叫"柏林蓝"的绘画颜料。工人们把溶液倒入大铁锅，然后一边加热，一边用铁棒搅拌，发出很大的响声。李比希看到工人们搅拌非常吃力，就问工人："为什么要这样用力呢？"一位工长告诉他："搅拌的响声越大，柏林蓝的质量就越高。"

李比希没有放过这个问题，他反复思考：搅拌的声音和颜料的质量有什么关系呢？回去以后，他就动手试验，最后查出了原因。他写信告诉那家工厂："用铁棒在铁锅里搅拌，发出响声，实际上是使铁棒和铁锅摩擦，磨下一些铁屑，铁屑与溶液化合，提高了柏林蓝的质量。如果能在溶液中加入一些含铁的物质，不必用力磨蹭铁锅，也会提高柏林蓝的质量。"

那家工厂按照李比希的话去做，果然提高了颜料的质量，还减轻了工人的劳动强度。

李比希接受教训后，善于在异常现象中发现问题，又能通过试验找出解决问题的途径，所以成为化学史上的巨人。

很多人有所不知的是，在工作中，只有百分之百的责任心才能换来百分之百的完美结果。举个例子，一百件产品，有一件不合格，就可能让企业失去整个市场；一百次决策，有一次不成功，就可能让企业关门大吉。

而我们究竟要用什么办法，才能让那一件不合格的产品和那一次不成功的决策不出现呢？相信此时每个人心中都有一个明确的答案。没错，那就是带着百分之百的责任心去工作，让所有问题在我们百分之百的责任心面前没有容身之地。

26岁那年，怀着出人头地的梦想，余彭年跑到香港打工。由于人生地不熟，加上英文水平有限，又听不懂广东话，他找工作一直不顺利，最后好不容易才在一家公司找到一份勤杂工的工作。

他每天的工作内容，就是不停地扫扫地、洗洗厕所，或干点其他杂活。又苦又累不说，薪水还很低。但他又必须做这份工作，否则就要饿肚子。

余彭年所在的公司，周六和周日都休息，一到周末，辛苦工作了五天的勤杂工们就如获大赦，纷纷出去逛街、游玩。初来香港的余彭年也很想出去看看当地的风景。然而，他发现周末时常有人来公司加班，要没有人打扫卫生的话，那公司将会是一团糟。于是，当其他勤杂工出去玩的时候，只有他独自一人留下来打扫卫生，无一例外，每次他都会把公司打扫得干干净净。

就这样认真负责地干了半年，直到有一天周末，公司老板带着一位客户到公司会议室洽谈工作，这才发现了正在埋头打扫卫生的余彭年。望着一尘不染的会议室，客户笑着对老板说："我去过好多公司，在周末还保持如此干净整洁的仅此一家，仅凭这一点，我愿意同你合作。"客户的话让老板对余彭年好感倍增。

第二天，老板就找余彭年谈话，随后提升他为办公室的一名员工。而余彭年也没有辜负老板的好心，从此更加认真负责地工作，最后成功坐上公司总经理的宝座。

多年后,这位从勤杂工干起的湖南小伙子,创办了香港著名的彭年酒店,身价高达30亿港元。而在胡润发布的中国慈善榜上,余彭年多次名列榜首,被人们誉为国内最慷慨的慈善家。

其实,根据公司的规定,余彭年完全没有必要在周末打扫公司的卫生,可谁叫他是一个责任心满满的人呢?在意识到周末无人打扫会使公司变成一团糟后,他果断地放弃自己的休息时间,拿起扫帚和抹布,让公司重回干净、整洁和明朗。

同时,也正是因为他对待工作的这份担当,最后成功地帮公司拿下了一个大客户,并为自己赢来了一个光明的未来。由此可见,面对工作,我们每个人都应该像余彭年那样,始终带着百分之百的责任心。只有这样,我们才能将工作做好,为企业创造价值,让自己收获成功。

第四章
担当精神需要完全落实

时刻审视自己的工作态度

众所周知，我们每个人都需要一份工作在社会上安身立命，我们需要借助公司这个平台来实现自己的人生价值。如果没有工作，那我们就没法赚取薪水养家糊口，我们的事业和前途也将无从谈起。认识到这一点后，我们就没有理由不去珍惜这份来之不易的工作，我们就没有理由不端正自己的工作态度。

美国石油大王洛克菲勒在写给儿子的一封信中这样说道："如果你视工作为一种乐趣，人生就是天堂；如果你视工作为一种义务，人生就是地狱。"其实，人生到底是天堂还是地狱，完全取决于我们的工作态度。一个对工作认真负责、勇于担当的人，无论他从事何种职业，他都会把工作当成是一项神圣的天职，并怀着浓厚的兴趣将它做到完美；而一个对工作敷衍了事的人，哪怕他身居高位，也会把工作当成是一个沉重的包袱。

有一个替人割草打工的小男孩打电话给布朗太太说："您需不需要割草？"布朗太太回答说："不需要了，我已经有割草工了。"男孩又说：

"我会帮您拔掉草丛中的杂草。"布朗太太回答说:"我的割草工已经做了。"男孩又说:"我会帮您把草割齐。"布朗太太说:"我请的那人也已做了,谢谢你,我不需要新的割草工人。"男孩便挂了电话。此时,男孩的室友问他:"你不就是在布朗太太那儿割草打工吗?为什么还要打这个电话?"男孩回答说:"我只是想知道我做得够不够好!"

从布朗太太的话中,我们可以看到小男孩的口碑是非常好的,这个口碑不仅包括工作能力,同时也涵盖了工作态度。身为一名割草工人,小男孩已经将自己的工作做得足够好了,但他依旧不自满,时刻审视着自己的工作,以便将工作做得更好。

工作态度是如此的重要,以至于未来学家佛里曼在《世界是平的》一书中预言道:"21 世纪的核心竞争力是态度。"这句话向我们宣告,在当今世界,积极主动的心态已经变成比黄金还要珍贵的稀缺资源,它是个人纵横职场最为核心的竞争力。

某大型 IT 公司对内部员工进行企业核心价值观培训时,培训讲师讲了这样一个故事。

新娘过门当天发现新郎家有老鼠,于是笑着说道:"你们家居然有老鼠!"第二天早上,新郎被一阵吵闹声吵醒,原来新娘在叫:"死老鼠,打死你!居然敢偷吃'我们'家的大米。"

讲到这儿,讲师点出了要旨:每位员工进入公司后,都应有"过门"的心态,树立主人翁意识,这样才能处处都站在企业的立场上,以老板的心态去想问题,尽职尽责,全力以赴。企业需要忠诚敬业的员工,而员工也需要通过企业这个平台来发挥自己的聪明才智。在这个竞争激烈的社会,态度决定一切，态度就是竞争力。

我们对待工作的态度决定我们在职场上的表现，就像故事中的新娘一样，当心态由"你们"转变成"我们"后，我们自然会对工作更为上心、认真、负责、有但当，自然会把企业的事儿当成是自己的事儿，凡事竭尽全力。

菲比德是美国一家服装公司的采购部经理，他在这家公司工作近十年，能力出众的他，职场前途一片光明。然而，就在那年秋季的一天下午，他犯下了一个无法挽回的错误。

9 月 12 日下午，菲比德实在经不住正如火如荼进行的欧洲杯足球赛的诱惑，还没将手头上的工作做完，他就悄悄地离开办公室，找到一个有电视的房间，尽情地欣赏起足球赛。

30 分钟后，看完比赛仍意犹未尽的他，匆匆地赶回办公室，正在他窃喜似乎一切都很正常时，桌子上的一张纸条把他给惊呆了，只见纸条上面写道："亲爱的菲比德先生，既然你那么热爱足球，我看你还是回家尽情地去欣赏好了。"句尾附上的是他最为熟悉的签名——公司老板劳伦。

原来，就在菲比德刚刚离开办公室不到五分钟，平时不曾到下面各部门走动的老板，很随意地走进了办公室，并在他的办公桌前坐了 20 分钟，却一直未见他的影子。于是，老板勃然大怒，他不能容忍员工擅离职守，对待工作如此不负责任，所以，老板决心辞掉菲比德这位能力非凡的中层管理者。

菲比德中年失业，精神颓废到极点，虽然后来他又应聘了好几家公司，但始终没能找到适合自己的职位，最后只好赋闲在家，每天都借酒消愁。

不同的工作态度，往往会带来不同的工作结果。正是因为菲比德没有对工作做到尽职尽责，所以他才会被老板炒鱿鱼。当然，或许有人觉得老板的决定有些不近人情，在他们看来，菲比德不过是犯了一点小错误，何必如此大动干戈呢？然而，老板却不这么认为，今天菲比德能为了一场球赛擅离职守，那明天谁知道他还会干出什么不利于公司利益的事情呢？要知道，公私不分可是职场大忌，但凡有责任感、担当意识的员工都不会选择这么去做。

不管我们从事哪种行业，我们都要树立一种"为自己而工作"的态度，努力将工作做到完美，将担当精神落实到位。

没有做不好的工作，只有不愿担当的人

在企业里，那些能出色完成工作的员工，通常都有一个共同的特点：对待工作用心负责、勇于担当。说到这儿，日本"经营之神"松下幸之助无疑是一个绝佳的例子。

有一天，松下幸之助来到一家电器代销店进行业务访问。寒暄过后，店主向松下抱怨道："现在的生意越来越难做，真不知道我这个小店还能

维持多久。为什么您的生意越做越大？无论市场景气还是不景气，您都能赚钱，请问您有什么诀窍吗？"

"做生意的诀窍，无非是用心、负责去做。"松下笑着说道。

"我挺用心负责的呀，该想的办法我都想过了，可生意依旧不见起色。"话音刚落，一个小孩蹦蹦跳跳地跑进来，说："老板，我要买一个40瓦的灯泡。"

店主停止谈话，转身取出一个灯泡，往灯座上一试，然后把灯泡交给小孩，接着收钱。拿到灯泡后，小孩蹦蹦跳跳地跑出去了。

这时，目睹整个过程的松下问道："平时你都是这样做生意的吗？"

"是的，有什么不妥吗？"店主疑惑地问道。

松下认真地说道："你这样做生意是发不了财的。"

"为什么？"店主感到很纳闷，心想，卖个灯泡而已，不这样做，还能翻出什么新花样呢？

松下说："那孩子来买灯泡时，你为什么不跟他多聊几句呢？比如：'小朋友，你上几年级了？你长得可真高啊！'拿灯泡给他时说：'回去告诉妈妈，如果灯泡不好用，只管来退换，好不好？'孩子将你的话带回去，他们全家都知道这儿有一个很热情的店主。如果下次他们要买电器，不就会过来找你吗？"

店主听了松下的话，这才恍然大悟，频频点头。

松下又说："还有，那孩子蹦蹦跳跳地跑出去时，你为什么不提醒他走慢些呢？万一灯泡因此损坏，就算他家里人碍于情面不来找你麻烦，也会对你的商店留下不好的印象吧！"

店主连忙躬身向松下道谢，"您说得对，看来我对工作还是不够用心呀！"

在实际的工作中，不少人像这位店主一样，事情没有做好，却认为自己足够尽职尽责。很显然，这种想法是大错特错的，松下先生的回答说明了一切。在这个世界上，没有做不好的工作，只有对工作不愿担当的人。所以，如果我们发现工作没有做到位，这个时候，我们就必须清楚地认识到，我们对待工作还是不够认真、用心和负责。

可以看到，松下先生在工作的过程中，从来不只满足于成功地将产品卖给客户，他还会考虑到如何增进跟顾客的沟通、如何避免顾客的损失，以及如何在顾客心目中留下良好的印象。试问，对待工作如此认真负责、勇于担当的他，怎么会做不好工作呢？

已故的佛里德利·威尔森曾经是纽约中央铁路公司的总裁。有一次，在访问途中，有人问他如何才能使事业成功，他说道："一个人，不论是在挖土，还是在经营大公司，他都会认为自己的工作是一项神圣的使命。不论工作条件有多么困难，或需要多么艰难的训练，始终用积极负责、勇于担当的态度去进行。只要抱着这种态度，任何人都会成功，也一定能实现目标。"如果我们渴望在事业上获得成功，就必须改掉懒散、消极、被动、不思进取等毛病，做一个认真负责、勇于担当的好员工。

叶彬是一家汽车修理厂的修理工，虽说在很多人的眼里，这是一份又脏又累的活儿，但是因为叶彬从小就喜欢捣鼓机械，所以他非常热爱自己的工作。许多同事难以理解叶彬对待工作的这份热情劲儿，他们不明白，如此辛苦的工作，所有人巴不得偷点懒，为什么叶彬却一如既往地对它认真负责？

一天上午，一辆出现故障的名贵跑车被拖车拉到了修理厂，而机械师却无法检查出问题到底是出在哪儿。就在他们准备放弃时，叶彬却还在研究这辆车的机械结构。时间过了很久，所有人都把这件事忘得一干二净，只有叶彬仍然拿着他自己画的图纸反复琢磨。

后来，又一辆跑车因为同样的故障被拉到了修理厂，当机械师摇着头表示无可奈何时，叶彬却走了过来，毛遂自荐要求试一试。

机械师迟疑了片刻，最后还是点头同意了。结果出乎所有人的意料，只见叶彬极其熟练地摆弄了一些零部件，不一会儿，便传来了轰轰作响的汽车引擎声。

很显然，叶彬解决了连机械师都束手无策的难题。这件事让老板对叶彬刮目相看，他慢慢注意起这个小伙子来，一年后，叶彬被任命为修理部的主管。

不难发现，只要在工作中认真负责、勇于担当，我们就能正确面对所要做的工作，战胜工作中所遇到的困难，促使我们将工作做得更好，进而获得晋升或是加薪的宝贵机会。

然而可惜的是，许多人并没有认识到这一点。在大多数的情况下，他们在进行自己的工作时，只是机械被动地去做，总想着敷衍了事。想想看，这样的态度能将工作做好吗？只有对工作尽职尽责，我们才能将工作做到完美。只要我们还没有完全将工作做到位，那就永远别说"我已经足够认真负责了"。要知道，一个人如果一点儿也不懂得反省自己，那他必然无法在日后的工作中有所突破。总之，没有做不好的工作，只有不愿担当的人。一个人对自己有什么样的要求，最后就会获得什么样的结果。

工作不分大小，做好小事才能成就大事

在工作中，很多人不愿意去做小事，他们认为小事太简单，不值得一做。殊不知，工作不分大小，一个人若想在职场中取得大成就，就必须立足于小事，从小事做起。

职业并没有高低贵贱之分，区别只是在于分工不同。所以，当我们以正确的姿态面对自己的工作时，我们就会在做好小事的基础上，逐渐成就一番大事，最后从众人中脱颖而出，笑傲职场。

常言道，一屋不扫，何以扫天下？同理，小事都做不好的人，又怎能干出一番大事业？越是细微的地方，我们越是不能掉以轻心。要知道，企业管理者看一个员工是否值得栽培和重用，不用从什么大的方面来看，从那些细微的小事上就可以得到答案，因为它恰恰表现出了员工的工作态度。

大凡世界上能做大事的人，都能把小事做细、做精，他们深知，做好了每件小事，才能成大事。所以，任何一件小事，只要我们努力把它做规范、做到位，我们就会从中发现机会、找到规律，从而练就做大事的基本功。反之，如果我们总是眼高手低，只想干大事，不愿做小事，那结果就会是

大事做不了，小事也做不好。

值得一提的是，在当今职场，很多人往往在工作中的一些小事上疏忽大意、不负责任，从而让自己失去了大好的机会。

许乐乐在一家营销策划公司工作，一位朋友找她，说他们公司想做一个小规模的市场调查。朋友说，这个市场调查很简单，他自己再找两个人就完全能做，希望许乐乐出面把业务接下来，他去运作，最后的市场调查报告由许乐乐把关。当然，事成之后，他会给她一笔辛苦费。

这的确是一笔很小的业务，许乐乐觉得没什么大问题，于是欣然答应了。市场调查报告出来后，许乐乐发现其中不少数据不是很精确，但她心想，这反正是小事一件，用不着花太多心思在上面。所以，她只是象征性地在报告上做了些文字加工，很快她就把报告交了上去。

两个月后，许乐乐和几位同事组成一个项目小组，一起去完成新开业的一家大型商城的整体营销方案。没想到，对方的业务主管却明确提出，不想让许乐乐参与其中，原来这位主管正是之前那项市调项目的委托人。

面对这样的结果，许乐乐完全傻眼了，她回过头来看，当时认为报告中的那点数据问题完全是可以忽略的因素，但它最后竟给自己造成这么大的麻烦。

这个故事告诉我们，只要是工作，不论大小，我们都必须将担当落实到位。要知道，在工作中，从来没有什么可以随意糊弄的小事，我们种下什么样的种子，将来就会收获什么样的果实。

齐格勒说过："如果你能够尽到自己的本分，尽力完成自己应该做的事情，那么总有一天，你能随心所欲从事自己想要做的事情。"反过来说，如果我们总在工作上做事马马虎虎，得过且过，小事干不好，大事干不了，无法将担当落实到位，那我们永远与成功无缘。

皮货经营公司的业务员蒋峰敢闯敢干，能说会道，把公司的业务搞得红红火火。然而，让公司领导头疼的是，蒋峰这个人做事有些马马虎虎，平时总是喜欢在工作上"打折扣"。为了这个事儿，领导不知找蒋峰谈了多少次话，每次他都答应得好好的，可转身又忘了，工作依旧没有做到位。

有一次，公司订购了一批羊皮，老板三令五申，让蒋峰仔细审核合同，不要放过任何一个问题。可他认为对方公司之前已和公司有过一次合作，应该不会有什么大问题，所以就没有花时间仔细去研究合同，结果合同中一个小小的错误给公司带来了巨大的损失。

合同中有这样一句话："大于 4 平方分米、有瑕疵的不要。"

其实，句子中的顿号本应是句号，这句话应该为："大于 4 平方分米。有瑕疵的不要。"由于标点的错误，使得这句话的含义发生了改变。结果，对方公司发来的羊皮都是小于 4 平方分米的，这使蒋峰所在的公司损失惨重。为此，老板感到非常愤怒，一气之下，他当即辞退了蒋峰。

一个人在工作上出现问题的原因有很多种，主要的原因还是其对自己的工作不够重视，缺乏严谨负责的态度。但不管怎么样，轻视自己的工作终归是没有道理的，它会给我们带来各种不良的影响，轻则使个人业绩受影响，重则给公司造成损失。只有抛弃马马虎虎的工作态度，不再在工作上"打折扣"，才能迅速培养起严谨认真的品格，让自己摆脱普通职员的身份，跻身卓越员工之列。

记住，我们的工作本身并不能体现出我们自身的价值，能够体现我们价值的只有我们对待工作的态度和我们工作完成的情况。所以，在工作中，哪怕是再小的事情，我们也要将它做好。如果我们能认真对待小事，又何愁做不成大事？

俗话说，万丈高楼平地起。地基越牢，建筑物就能修建得越高。我们要想在工作中有所成就，就必须树立从小事做起、从基层开始的决心，不断夯实自己的基础，培养自己的担当意识，努力提高自己的工作能力，为成就一番大事而奋斗不息。

工作容不得半点不负责任

当今社会，企业间的竞争越来越激烈，员工对工作的不负责任有可能导致整个公司遭受巨大的损失。在数学上，100 减 1 等于 99 这是不争的事实，而在工作中，100 减 1 得出来的答案往往是零。

所以，身为员工，对于自己职责范围之内的事情，我们必须按质按量地完成，千万不要觉得自己不去做，别人就会代替我们去做，更不要觉得自己不负责任，不愿担当，别人不仅不会发现，就算发现了也不会责怪我们。事实上，我们的不负责任，不愿担当一定会带来不良的后果，有时甚至会给公司带来不可挽回的损失。

在铁路局工作的谢尔顿是一位火车后车厢的刹车员，他天性聪明，性格热情、和善，脸上还经常带着亲切的微笑，旅客们都对他称赞不已。

那年冬季的一个夜晚，一场暴风雨不期而至，火车晚点了。谢尔顿抱怨着，因为这场暴风雪迫使他不得不在这样寒冷的冬夜加班。就在谢尔顿思忖着该如何才能逃脱这该死的加班时，另外一节车厢中的列车长与工程师已对这场突如其来的暴风雪心生警惕。

这时，狂风吹掉了火车发动机上的汽缸盖，火车不得不临时停车，但是另一辆快车又必须换道，几分钟后就要从这一条铁轨上驶过。列车长立即跑过来，让谢尔顿提着红灯去后面。谢尔顿心想，后车厢还有一名工程师和助理刹车员守着呢，就笑着对列车长说："您不用着急，后车厢有人守着呢，等我穿上外套再去也不迟。"

听了他的话，列车长有些生气，"一分钟也等不了，那列火车马上就要开过来了！"谢尔顿连忙说道："好的，我立马过去！"

得到他的承诺后，列车长转身飞快地奔向前面的发动机房。

然而，谢尔顿却没有如他自己所说的马上动身，他始终认为后车厢有工程师和助理刹车员在替他扛着这份工作，自己又何必冒着严寒和危险跑到后车厢去呢？于是，谢尔顿停下来喝了几口小酒，身子暖和后，他才一边吹着口哨，一边慢悠悠地走向后车厢。

他刚走到离后车厢还有十来米的地方时，就发现工程师和助理刹车员根本不在那里，原来列车长让他们到前边的车厢去处理其他问题了。谢尔顿打了个冷战，当即快速地向前跑去。可一切都来不及了，那辆快车的车头撞到了谢尔顿所在的这列火车。刹那间，受伤乘客的哭喊声与蒸汽泄漏的声音混杂在一起……

可以看到，这就是对工作不负责任、不愿担当的下场。谢尔顿完全没想到，自己对工作的不负责任、不愿担当，竟酿成了这样的人间悲剧。其实，这种结局是完全可以避免的，如果谢尔顿当时能听从列车长的安排，及时地赶到后车厢，悲剧就不会发生。

中国有一句俗语叫："差之毫厘，谬以千里。"这句话放在工作上再恰当不过了，半点不负责任、不愿担当都能导致问题出现。比如，业务员因为说错了一句话，就可能导致与大客户擦肩而过；生产线工人因为一点点失误，就可能导致整批产品全部报废；出租车司机因为多喝了几口酒，就可能导致一起车毁人亡的惨剧……可以说，以上种种，皆是因为员工对工作不够尽职尽责而引发的，尽管他们只是在很小的地方没有尽到自己的职责，但结果却是惨痛的。

要知道，一个真正优秀的员工，从来都不会对工作中的任何问题放松警惕，担当精神会驱使他们对自己的工作一路担当到底，能预防的问题尽量预防，已经出现的问题则及时解决。

菲奥娜是一位美国姑娘，她在一家裁缝店学成出师后便来到纽约开了一家属于自己的裁缝店。由于她做活认真负责，且价格又经济实惠，很快就声名远扬，不少人慕名而来找她定做衣服。

有一天，哈利夫人让菲奥娜为她做一套晚礼服，然而，等菲奥娜做完的时候，却发现晚礼服的袖子比哈利夫人要求的长了半寸。等会儿哈利夫人就要到店里来取这套晚礼服了，菲奥娜已经来不及修改衣服了。

哈利夫人来到菲奥娜的店中，她穿上晚礼服在镜子前照来照去，一边照还一边称赞菲奥娜的手艺。正当她准备付钱时，菲奥娜却说："哈利夫人，我不能收下您的钱，因为我把晚礼服的袖子做长了半寸。我真的很抱歉，如果您能再多给我一些时间，我十分乐意将它修改到您需要的尺寸。"哈利夫人笑着说道："长了半寸吗？我没有发现呢！没关系的，我对这晚礼服很满意，袖子长了半寸也丝毫不影响它的美。"尽管哈利夫人再三表示自己不介意，但菲奥娜无论如何也不肯收她的钱，最后哈利夫人只好让步。

在去参加晚会的路上，哈利夫人对丈夫说："菲奥娜以后肯定会大有作为，她对工作的负责程度让我震惊！"哈利夫人的话一点儿也没错。后来，菲奥娜果然成了服装界鼎鼎有名的设计师。

不难发现，我们对待工作担当的程度将决定我们日后能达到的高度，换句话说，我们对待工作越是有担当，我们在事业上取得的成就也就越大。反之，我们对待工作越是随随便便，我们在事业上遭受的损失也就越大。

全面落实担当精神，才能把工作做到完美

很多人一生忙忙碌碌，到头来却一无所有；很多人满腹才华，却毕生坎坷不得志。工作真的就那么难吗？其实不然。纵观中外各大成功人士，他们之所以能在事业上取得显著的成就，完全是因为他们具备高度的担当精神，总能全面落实自己的责任，将工作做到完美。

说到担当，不少人不明白这两个字究竟意味着什么。其实，我们不妨从两个层次去理解，从低层次来讲，担当是为了对老板有个交代；而从高层次来讲，担当就是把工作当成是自己的事业，需要我们带着使命感和责任感去用心经营。

可以看到，不管从哪个层次讲，担当都要求我们在工作中全面落实自己的责任，做事一定要一丝不苟，并且有始有终。

小杨和小谢一同进入现在所供职的公司，所做的工作都是平面设计，他们二人的能力其实不相上下，只不过彼此在工作时的表现有所不同。

小杨每次接到领导安排的任务后，都是简单潦草地完成，从来都没想

过要做得更好一点，只要最后能通过验收，他就觉得万事大吉，从此高枕无忧。而小谢则刚好相反，不管领导交给他什么工作，他都会绞尽脑汁地将它做得更好，从头到尾都是认认真真、勤勤恳恳，丝毫不敢掉以轻心。空闲时间，小谢还会主动向一些有经验的老前辈请教，并从中收获不少有益的工作经验。

有一次，他们俩都有工作没有完成，可还有五分钟就下班了，早已收拾好东西准备随时开溜的小杨看小谢还没有半点儿下班的意思，就顺口问道："你还不准备走呀？这都快到点了！"小谢头也不抬地回道："今天要加班把事情干完。"

小杨听了他的话，便劝他工作不要这样卖命，只要对得起自己拿的工资就行了。没想到小谢却不这么认为，他直言道："我还想对得起自己的前途呢！"说完，他就再没有过多的解释，只把心思放在未完成的工作上。

大半年过去了，在这段时间里，小谢的工作能力突飞猛进，他每次拿出的设计方案都颇受领导和客户的好评。而小杨却还在原地踏步，每次提到他的名字，全公司上下几乎没人知道。后来公司调薪后，小谢的薪水比小杨高了许多，不仅如此，公司领导还提拔小谢为设计部总监助理，小谢一跃成为小杨的上司。

不难发现，担当就是做好工作的最基本条件。可惜很多人有和小杨一样的想法，认为自己替老板干活，拿多少钱出多少力，平时能混就混，反正就算公司亏损了，也不用自己去承担责任。他们不知道，老板出钱，员工出力，这本来就是情理之中的事儿。再说了，要是老板不赚钱，员工又怎能在公司长久安稳地工作下去呢？

总之，对工作有担当，表面上看是为了老板，其实是为了我们自己。

因为我们在工作中能学到更多的经验，哪怕日后换了工作单位，我们也能独当一面。所以说，无论我们从事哪一行，都必须有认真负责、勇于担当的工作态度，只有对工作认真负责、勇于担当，我们才能把事情做好、做精、做细。

高盛大学毕业后在一家保险公司当业务员，在很多人看来，保险业务员并不是一个轻松的职业，所以身边的亲朋好友都不是很看好他的前途。

刚开始的时候，高盛的工作进展确实很不顺利。与此同时，公司的新员工每天都在抱怨："这真不是人干的活！每天都快把腿跑断了，都碰不到一个愿意买保险的客户。"

拉不到客户就意味着他们只能靠微薄的基础工资生活，没有人愿意过这种朝不保夕的日子。高盛虽然也对自己的工作现状很不满意，但他却并没有因此牢骚满腹，因为他知道，放弃工作等于放弃自己，认真做事是没有错的，只要肯努力，将工作的方方面面都做好，最后就一定会有收获。于是，高盛开始主动寻找客户。他熟记公司的各项业务情况，对比自己公司和其他同类公司的不同。高盛清楚地看到，在实际的生活中，不少人是渴望多了解一些保险方面的常识的，于是，为了解决这个问题，高盛主动在各个社区举办讲座，免费为大家普及必要的保险知识。

如此一来，人们对保险有了更深刻的了解，同时也慢慢喜欢上了高盛这个年轻、热情、负责的小伙子。这个时候，高盛就趁热打铁向这些人推销保险业务，大家非但不反感，反而乐于接受，纷纷成了他的忠实客户。

一年后，当初那些只知抱怨的员工有的辞职了，有的被裁员了，最后所剩无几。而高盛则一路披荆斩棘，凭借着出色的业绩，顺利坐上了业务主管的位置。

总之，担当就像我们手中的利剑，它随时准备出鞘帮我们消灭工作中遇到的艰难困阻。只要我们还奋战在工作岗位上，就必须时刻带着高度的担当意识前行。

说得完美不如做得漂亮

现代舞蹈家、脱口秀主持人金星曾说："等我女儿长大了，我会告诉她：如果一个男人心疼你挤公交，埋怨你不按时吃饭，阴雨天嘱咐你下班回家注意安全，请别理他！然后跟那个可以开车送你、生病陪你、吃饭带你、下班接你的人在一起。嘴上说得再好，不如干点实事！我们都已经过了耳听爱情的年纪！要么给爱，要么给钱，要么滚！"此话一出，立刻引来大批粉丝的追捧。虽然也有不少人觉得金星的这段话有些偏激，但仔细想想金星的这番话也不无道理。

为什么这么说呢？其实，不仅仅是在爱情的世界，就是在日常的工作中，我们也经常会犯下这样的错误——总是做语言上的巨人、行动上的矮子。我们总是习惯于把话说得特别完美，比如，"今后我一定要好好疼你爱你！"又或是"我肯定会对工作特别负责！"而实际上呢？我们转身就忘了自己对伴侣或工作许下的山盟海誓。伴侣饿了、渴了、生病了，我们甚至不能为他们送去一顿饭、一杯水和一个可以依靠的肩膀；工作出现问题了，我们往往会选择逃避。

所以，从某种程度上来说，金星的这番话也有可取之处，尤其是那句"嘴上说得再好，不如干点实事！"如果把这句话用到工作上去，我们不妨这么对自己说："说得完美，不如做得漂亮，我们必须现在就拿出实际的行动！"

一家大型餐饮公司招聘厨房管理人员，奇怪的是，董事长将公司的厨房定为应聘地点。由于这家餐饮公司在当地有着极高的知名度，所以面试当天，一下子就来了一百多人，公司的厨房里到处挤满了应聘者。

面试进行了整整一个上午，从头到尾，厨房的洗碗间有一个水龙头一直在哗哗地流水，很多应聘者都听到了声音，但就是没有一个人去主动关一下水龙头。

最后，这家餐饮公司宣布，本次前来面试的人没有一个人合格。大家纷纷问为什么，公司董事长说出了原因："坦白讲，面试时，我知道你们想告诉我，你们会是对工作负责的员工。可遗憾的是，你们这些如此'负责'的员工，竟然会放任厨房水龙头的水一直流个不停！"

董事长说出这番话后，前来应聘的人个个羞红了脸，最后都低着头，匆匆地离开了。

从这个故事中，我们可以看到，这家餐饮公司只是想找到一个对厨房工作认真负责、勇于担当的人，所以董事长才会将面试地点安排在公司的厨房，并巧妙地将真正的考题设在具体的实事上。很显然，董事长深知，前来面试的人所做的简历再漂亮，所说的话再完美，也不如真真正正地做好一件小事——把厨房的水龙头关掉。而连这一点小事都不去做、做不好的人，公司又怎能期待他会是一个能够负起责任、勇于担当的厨房管理人员呢？

常言道，说得好不如做得好。任何事业的成功，并不在于你说得好，关键在于你如何带着担当精神将自己的话落实到行动中去，脚踏实地地将手头上的工作做到完美，努力为公司创造出业绩。一个人如果仅仅会纸上谈兵，热衷于做口头上的将军，一点儿也不会做事，那他再会说话，把话说得再完美也是枉然。光说话不能解决问题，光说话也不能弥补过错，只有做好了事情，解决了问题，我们才能赢得领导的赏识和重用。

菁菁是一家大型建筑公司的设计师，为了做好自己的工作，她常常要出去看现场、跑工地，回到公司后，她还要加班加点地工作，以便完善设计方案。虽然她是公司设计部唯一的女性，但干起活来，她丝毫不逊色于其他的男同事。

有一次，公司领导给她安排了一项比较艰难的工作任务，为一名客户做一个可行性设计方案，时间只有短短的一个星期。这要是换成有些男同事，肯定先是在领导面前打包票，然后再随随便便地应付工作。可菁菁却从不这样，接到这项艰巨的任务后，她压根就没有向领导承诺自己一定会做好，而是回到自己的办公室开始埋头苦干。整整一个星期，她的神经都处于极度紧绷的状态，满脑子想的都是如何把这个设计方案做好，不让领导和客户失望。

于是，对待工作异常负责的她，马不停蹄地到处查资料，不仅如此，她还虚心向其他前辈请教。最后，她终于按时把设计方案上交给了领导，领导看着她因为熬夜工作而布满血丝的眼睛，心里很感动。

后来，在公司的员工大会上，菁菁因为工作认真负责得到了老板的嘉奖。很快，她就被提升为设计部总监，成为所有男同事的女上司。

其实，少说多做一直是职场最保险的一道生存法则，因为一个人说得再完美，如果做得不漂亮，那只会给领导留下一个"光说不练"的坏印象，弄不好还会面临被炒鱿鱼的危险。而少说多做就不一样了，当我们默默地在自己的岗位上做出一番成绩来时，不用我们主动邀功请赏，领导自会对我们刮目相看，最终相信我们是一个可以肩负重任的好员工。

永远记住，说得完美，不如做得漂亮，不管我们从事什么工作，带着担当精神去做事，努力把事情做好，永远都要强过一个只说不做的人。

"忽悠"工作等于"忽悠"自己

网上曾有人如此吐槽工作:"最喜欢的日子是星期五,因为快要放假了;最讨厌的日子是星期一,因为又要上班了。"众所周知,工作是我们每个成年人都不可避免的事情,我们不仅需要工作来维持生存,还需要通过工作来实现自己的价值。既然工作如此重要,为什么我们还会对其心生厌倦,唯恐避之不及呢?

对于这个问题,很多人不约而同地给出了这样的答案:"那还不是因为我们是在给别人打工,每天累死累活,最后坐享其成的又不是自己。"事实真的是这样吗?我们工作难道真的只是为了老板?不,绝对不是这么一回事儿。美国商界名人约翰·洛克菲勒说过:"工作是一个施展个人才能的舞台。我们寒窗苦读得来的知识、应变力、决断力、适应能力以及协调能力,都将在这样一个舞台上得到展示……"由此可见,我们工作从来不是为了别人。

我们必须明白,企业是为了盈利而存在的,老板花钱请我们工作,我们不能只享受报酬而不付出劳动。既然工作是为了自己,我们就要对自己所在的岗位负责，唯有如此，我们才能让老板觉得他花的钱"物超所值"，我们才能成功保住自己的饭碗，我们才能取得事业上的成功。反之，如果我们对待工作不够认真、负责，总是"忽悠"工作，那工作就会反过来"忽悠"我们。

有个老木匠准备退休，他和老板说自己年纪大了，想要回家与妻子儿女享受天伦之乐。老板舍不得自己的好工人走，于是便问他能不能看在多年的交情上再帮忙盖"最后一栋房子"。

老木匠答应了，但旁人很容易看出来，老木匠的心已经不在盖房子上面了：他用的是次料，出的是粗活，所以手工非常粗糙，工艺做得更是马马虎虎。

最后，老木匠终于草草地完成了这"最后一栋房子"，很快，他就去请老板过来验收。没想到，老板直接把大门的钥匙递给他，拍着他的肩膀，微笑着说："你自己进去验收吧！这是你的房子，我送给你的礼物。"老木匠目瞪口呆，顿时羞愧得无地自容，可事到如今，房子已经建成了，返工重做已然不可能。如果他早知道这是在给自己建房子，他怎么会如此敷衍了事呢？他一定会选用最好的材料、最高明的技术。然而，现在说什么都晚了，这一切都是他自作自受，他只能接受工作的"忽悠"和"惩罚"，住进这么一栋自己亲手打造的粗制滥造的房子里了。

这个故事真是发人深省，所有的职场人士都能从中吸取到一个教训，那就是，"忽悠"工作等于"忽悠"自己。如果我们在工作中总是抱着懒散、消极、抱怨、怀疑的态度，不追求精益求精，只会敷衍了事，那我们最后也会落得和老木匠一样的下场。

我们不是为了公司或是老板工作，我们是为了自己而工作。当所有员工都努力工作时，公司才会不断向前发展，我们的能力和薪水也能因此不断上一个新的台阶。另外，值得一提的是，很多成功人士都有这样一种心态，那就是"工作是为了自己"，在这种心态的引导下，他们在工作中勇往直前，从不推卸自己的责任。长此以往，他们逐渐收获了丰富的工作经验，提高了解决问题的能力，从而取得事业的成功。

一家大型文化传播公司要裁员了，解雇名单上有丁柔和蒋梦的名字，她俩被人事主管通知两个月之后离职。算起来，这两人算是公司的老员工了，丁柔在公司工作了五年，蒋梦则在公司工作了四年。得知这个消息后，她俩感到非常难过，可一时间又没有更好的解决办法。

丁柔回到家后整晚都没睡着，第二天一大早，她怒气冲冲地逢人就大吐苦水："我在公司工作那么多年，没有功劳也有苦劳呀，凭什么我就要摊上被裁员这件糟心事儿呢？真是太不公平了！"

听闻丁柔的遭遇，很多同事都非常同情她。出于好心，刚开始他们还会说几句安慰她的话。可哪知丁柔是个没完没了的主儿，在公司这最后两个月，周围的同事都被她挤兑过，她似乎看谁都不顺眼。久而久之，同事们都很怕和她打交道，每次见到她都恨不得绕道而行。为此，丁柔更加气愤了，她心想，反正在这儿待不久了，工作做得再好也是无用，还不如干脆破罐子破摔。结果，她再也不认真工作，工作自然一塌糊涂。

而蒋梦呢，虽然她也为自己即将被解雇的事儿难过了整整一晚上，但她对待工作的态度却和丁柔有着天壤之别。在公司里，她从不向别人提及这件事儿，即便有同事问她，她也会笑着解释说只怪自己能力不足。离别在即，大伙儿见她心胸如此豁达，在工作上还是一如既往地认真负责，所以都特别愿意亲近她。

两个月后，丁柔收拾好自己的东西，头也不回地离开了公司，而蒋梦却被老板留了下来。面对蒋梦的疑惑和不解，老板笑着说道："我就是喜欢你这种从不'忽悠'工作的劲头，公司正需要像你这样的员工，你继续在这儿好好干！"

听了老板的话，蒋梦大喜过望，她愈加认定自己之前的想法是正确的。一分耕耘一分收获，不管遇到什么困难，都要沉下心来好好工作，只有不辜负工作，工作才会不辜负自己。

其实，在任何一家公司里，老板最不喜欢的通常都是那些不把工作放在心上的人。这种人你完全不能指望他会把工作做好，为公司创造效益，因为他对工作缺乏责任感、不愿担当，对自己更是极端的不负责任。要知道，一个对自己负责的人，绝对不会想到在工作中浑水摸鱼，因为他们深知，唯有努力工作，才能在职场平步青云，才能不断地打磨自己，提升自己的工作能力。

天上从不会白白地掉下馅饼，奢望不劳而获纯属白日做梦，"忽悠"工作的人到最后往往会被工作"忽悠"。所以，身为员工的我们，不妨在心中种下担当的种子，让担当精神感成为鞭策、激励、监督自己的力量，最终促使我们将工作做到位。

第五章
担当到底，绝不推卸责任

躲得了责任，躲不了后果

在平时的工作中，谁也不希望出现失误，但人有失手，马有失蹄，一旦做错了事，我们还是不能选择逃避责任。要知道，躲得了责任，躲不了后果。

相信不少人曾陷入这样的误区：以为工作出现差错时，找借口为自己竭力开脱，就能成功躲避责任，从而保全自己。可事实并非如此，不管哪一家公司的老板，往往都能允许员工犯错，却不能容忍员工找借口推卸责任。

在老板看来，一个员工对待错误的态度可以直接反映出他对工作的负责程度。一个称职的员工，对于自己的工作就该一路担当到底，就算工作出了纰漏，也应该承担起属于自己的责任，而不是随便找个借口为自己开脱。

正如艾克松集团副总裁爱德·休斯所说："工作出现问题是自己的责任的话，就应该勇于承认，并设法改善。慌忙推卸责任并置之度外，以为老板不会察觉，未免太低估老板了。我不愿意让那些热衷于推卸责任的员工来做我的部下，这会使我不踏实。"诚然，老板不是傻子，当员工把事情办砸的时候，老板希望听到的绝不是"我不知道事情会变成这样""我已经尽力了""这不是我的错"等诸如此类的话。当然，或许工作出现问题真的不是我们的错，但我们不能抱有这样的态度，任何时候我们都应该直面问题，并想办法解决问题。

总之，躲避责任对任何一个人来说都是百害而无一益的，这不仅会影响我们的职场前途，还会让我们在旁人心中落得一个"毫无责任感"的名声。

黄建之是一家家具销售公司的部门经理。有一次，他听到一个消息：公司高层决定安排他们部门的人员到外地去处理一项难缠的业务。他知道这项业务非常棘手，要想妥善处理，并不容易，所以，黄建之提前一天请假。

第二天，领导安排任务，恰好他不在，于是，领导便直接把任务交给黄建之的助手，让他的助手转达。当助手打黄建之的手机向他汇报这件事情时，黄建之便以自己生病为借口，让助手替自己前去处理这项事务。而处理这项事务的具体操作办法，他在电话中也教给了助手。

半个月后，事情办砸了，黄建之怕公司高层追究自己的责任，便以自己告假为由，谎称自己不知道这件事情的具体情况，一切都是助手自作主张。他心想，助手是总裁安排到自己身边的人，出了事，让他顶着，在公司高层面前还有一个回旋的余地。假若自己来承担这件事的责任，恐怕自己会有被降职罚薪的危险。

当总裁知道事情的来龙去脉后，便立马辞退了黄建之。无奈之下，黄建之只好收拾东西离开了公司，从此，他在这个圈子的名声一落千丈，很多同行公司不愿意聘用他这样不负责任、不愿担当的员工。

黄建之一心以为自己能逃避掉责任，推卸担当，却没想到躲来躲去，最后都躲不掉被炒鱿鱼的糟糕结局。其实，对于他而言，最糟糕的还不是被公司开除，而是弄砸自己的名声，活生生切断了自己另谋他职的退路。

所以，若想成为一名优秀的员工，我们在工作中一定要努力避免推卸责任，逃避担当，不管遇到什么问题，都要拒绝找借口，主动承担起自己应负的责任。要知道，只有勇于承担责任，勇于担当，我们才能变得更加优秀。

现如今，老板越来越欣赏那些不逃避责任、勇于担当的员工，因为只有这样的员工才能使人信赖，老板可以放心地把工作交给他们。如此一来，他们的能力就能得到充分的发挥，同时，也为公司创造出巨大的经济效益。

孟朗泽来到汽车公司工作已经半年多了，一天，公司经理向他提出了一个要求："从现在开始，监督新机器设备的安装工作就由你负责，但是你不会加薪，你能接受吗？"

孟郎泽有些惊讶，因为他从来没有接受过这方面的训练，对图纸一窍不通。按理说，经理也应该知道他不是这方面的专家，可经理为什么会这样安排呢？孟郎泽突然意识到，这也许是经理给自己的一次考验。

所以，虽然经理说不会给他加薪，但孟郎泽还是决定试一试。

很快，他就利用自己建立起来的人脉，找了一些专业人员做安装，结果提前一个星期完成了任务，而且他还从中学到了许多新的知识。

经理对他的工作表现非常满意，当下就给他加了薪。后来，经理笑着对他说："当我给你布置任务时，我当然明白你看不懂图纸，但是假如你那时随意找个借口把这项工作推掉，别说加薪了，我可能当下就会把你辞掉。因为在我的认知中，一个不敢承担责任、没有担当精神的人，我是无法对其委以重任的。"

美国第 16 任总统亚伯拉罕·林肯曾说："逃避责任，难辞其咎。"作为企业的一员，我们只有勇于担当，不去寻找任何借口，才能在公司中有所发展。否则，我们躲得了责任，逃不掉后果，最后只能眼睁睁看着自己被职场抛弃。

借口是事业成功的绊脚石

美国著名成功学者皮鲁克斯有一句经典名言："借口，误人、害人！"这短短的六个字，向我们每个人直接道明了借口的危害。

借口的危害确实是巨大无比的，它会在不经意间慢慢地蚕食我们的诚实和自信、我们的热情和积极性、我们的担当意识和危机意识，最终摧毁我们的执行能力。可以毫不夸张地说一句，对于我们每一个在职场打拼的人来说，借口永远是我们事业成功的绊脚石。

众所周知，西点军校是世界上培育高效能军人的地方。两百多年来，西点军校为美国培养出了三位总统、五位五星上将、3700 名将军及无数的精英人才。

不仅如此，大批西点军校的毕业生在企业界也获得了非凡的成就。可口可乐、通用公司、杜邦化工的总裁都出身于西点。美国商业年鉴的资料显示，第二次世界大战以后，在世界500强企业里面，西点军校培养出来的董事长有一千多名，副董事长有两千多名，总经理、董事有五千多名。

美国前总统罗斯福在几十年前就指出："在这整整一个世纪中，我们国家其他的任何学校都没有像西点这样，在我们的民族最伟大公民的光荣史册上写下如此众多的名字。"

人们不禁要问，西点军校隐藏着怎样的秘密？其全部的秘密就在于"没有任何借口"。

不难发现，"没有任何借口"体现出的是一种担当、敬业的精神，一种服从、诚实的态度，一种完美的执行能力。正是秉持着这一重要的行为准则，西点学子才成为勇于担当的人，才在社会各个行业取得了非凡的成就。

程放军是一家机械设备公司的老员工，平时专门负责跑业务，他的业绩一直名列前茅。只是有一次，他负责的一个客户突然被别的公司抢走了，这无疑给公司造成了不小的损失。事后，他向老板解释说，因为自己的脚伤发作，所以才比竞争对手晚去了20分钟。其实，老板并没有因此而责怪他，因为知道他工作向来认真卖力。

老板的谅解让程放军心生得意，他知道自己的脚伤并不严重，根本就不影响他的工作，只是他喜欢用这个当作借口，来为自己开脱罢了。有了这次的经历后，程放军的胆子越来越大了，每当公司指派他出去联络一些难度较大的业务时，他都会拿脚伤当借口，说自己无法胜任这项任务。

公司老板刚开始还挺欣赏他的工作能力的，可他经常找借口推脱，时间一长，老板也就渐渐地将他忘了，总是将重大任务派给别的业务员去做。程放军见老板不再将一些困难的任务交给自己，心里还暗自庆幸自己的明智。他心想，这种费力不讨好的任务，谁爱做谁去做好了，到时完不成任务，那才丢人呢。

就这样，程放军将大部分精力花在如何寻找更合理的借口上，一碰到难办的业务，他能推就推，好办的差事他能抢就抢。而不管什么样的业务，只要没有按时按质完成，他就会找出各种借口为自己辩解。

一年后，公司因业绩不好而裁员，程放军列入被裁人员名单。

这样的结果让程放军很不满意，他冲进老板的办公室，想要讨个说法，老板却对他说："按理说，你以前的工作干得不错，可是你扪心自问一下，这一年你都干了些什么？业绩一落千丈，张嘴就是借口。"

程放军刚要张嘴说些什么，可老板根本不给他辩解的机会："你不要再跟我找什么借口了，这一年我已经听够了，你到财务办手续去吧。"

当工作出现问题时，如果我们以某种借口为自己开脱，慢慢我们就会逐渐养成一种凡事找借口推卸责任的坏习惯，借口会成为我们事业成功的绊脚石，只会让我们成为一个一事无成的人。

美国著名行为学家乔治·弗兰克认为："世上的借口有多种多样，但每一种借口都会给人致命一击。在人生和工作的各个环节中，学会拒绝借口则是非常重要的。"一个人若是在工作中不小心犯了错误，最好的办法就是老老实实地认错，而不是去寻找借口为自己开脱。

日本松下集团的创始人松下幸之助就是一个从不找借口推卸责任的人，他不仅如此要求自己，他也不允许员工为工作上的失误寻找任何借口。在他看来，整个松下集团若想从上到下建立起一种敬业、担当的工作风气，那每一位员工就必须大胆地承认自己的错误，承担起自己该有的担当。正是因为这种"不找借口，绝不推卸责任"的工作态度，松下集团才成为日本企业的翘楚。

其实，承认错误和承担责任远远没有我们想象中的那么难。我们都知道，一个人做事不可能一辈子都一帆风顺，工作出现问题是在所难免的事儿。这个时候，如果我们能不找借口，不推卸责任，反而在错误中检讨自己，吸取经验教训，那我们不仅能收获老板、同事以及客户的谅解，还能保证下一次在工作中不出现任何纰漏。

大卫是一家商贸公司的市场部经理，他曾犯了一个错误，没经过仔细调查研究，就批复了一个职员为纽约某公司生产 5 万部高档相机的报告。等产品生产出来准备报关时，公司才知道那个职员早已被"猎头"公司挖走了。那批货如果一到纽约，就会无影无踪，货款自然也会打水漂。

大卫一时想不出补救对策，一个人在办公室里焦虑不安。这时，老板走了进来，他的脸色非常难看。还没等老板开口，大卫就立刻坦诚地向老板讲述了一切，并主动认错："老板，这是我的失误，我应该承担所有的责任。请相信我，我一定会尽最大的努力挽回损失。"

老板被大卫的坦诚和敢于承担责任的勇气打动了，于是答应了他的请求，并拨出一笔款，让他到纽约去考察一番。经过努力，大卫联系好了另一家客户。一个月后，这批照相机以比那个职员在报告上写的还高的价格

转让了出去。为此，老板感到非常高兴，他不仅表扬了大卫，还立马给他
升职加薪。

　　遇到问题，一流的人会去找方法，末流的人才会找借口。其实，不找
借口找方法体现的正是一种担当、敬业的工作精神，一种诚实、主动的工
作态度，一种完美、积极的执行能力。我们每个人都要像故事中的大卫一
样，当工作出现差错，一定要竭尽全力去找到解决问题的方法，而不是四
处寻找借口推卸责任。

　　如果一个人遇到困难时不是去努力克服困难，而只知道找借口推卸责
任，这样的人很难成为一名优秀的员工。我们找的借口再好，最后也改变
不了我们"没有成功"的结局，所以，无论什么时候，我们都万万不能让
借口成为我们成功路上的绊脚石。

敢于担当让你脱颖而出

　　在工作中，遇到问题，我们是选择敢于担当，承担责任，还是找借口
逃避呢？如果我们选择承担责任，担当精神就会鞭策我们走得更远；如果
我们找借口退缩逃避，借口就会将我们推到悬崖边上。

在生活和工作中，我们经常会听到有些员工把这样或那样的借口挂在嘴边，比如，睡懒觉导致上班迟到，他们会有"路上塞车""家里出了急事""闹钟没响"等做借口；事情办砸了，给公司带来损失，他们会有"我已经尽力了""别人没提供援助""事情太复杂"等做借口。总之，做不好一件事情，完不成一项工作，统统不是自己的责任，随便一招手，自有成千上万个借口严阵以待，随时准备响应他们、声援他们、支持他们。

日本的零售业巨头大荣公司中曾流传着这样的一个故事。

两个很优秀的年轻人毕业后一起进入大荣公司，他们被同时派到一家大型连锁店做一线销售员。一天，这家店在核账目的时候发现所交纳的营业税比以前多了好多，仔细检查后发现，原来是两个年轻人在报税时将营业额多打了一个零！于是，经理把他们叫进了办公室，当经理问到他们具体情况时，两人彼此看着对方，无话可说，因为账单就在眼前，任何辩解都是无用的。

一阵沉默之后，两个年轻人开口了，其中一个解释说自己刚上岗，所以有些紧张，再加上对公司的财务制度还不是很熟，所以……而另一个年轻人却没有为自己分辩，他只是对经理说，这的确是他们的过失，他愿意用两个月的奖金来补偿，同时他保证以后再也不会犯同样的错误。

走出经理室，最先说话的那个年轻人对后者说："你也太傻了吧，两个月的奖金就这样没了，那工作岂不是白干了？这种事情咱们新手随便找个借口就推脱过去了。"后者听了后，只是笑了笑，什么话都没说。

后来，公司里有好几次培训学习的机会，每次都是那个勇于担当的年轻人获得了这样的机会。另一个年轻人坐不住了，他跑去质问经理为什么这么不公平。经理没有对他做过多的解释，只是对他说："一个事后不愿担当，而只知道找借口逃避的人，是不值得团队信任的。"

当工作出现差错时，我们以为自己能依靠借口躲过风风雨雨，却没想到老板早已看清我们那点儿伎俩，从此再也不愿意对我们委以重任。

没错，任何借口的实质都是在推卸责任，逃避担当，在担当和借口之间，一个人的选择可以体现出他的工作态度。在一个讲究高效合作的工作团队中，如果有成员为自己的工作失误寻找借口，那无疑是对整个团队的不负责任，这样的成员只会给团队带来负面影响。

我们在工作中遭遇的任何挑战，都是推动我们不断奋发向上、不断提升自我的强大动力，只有意识到这一点，我们才会真正改掉遇事就找借口的坏习惯，最后选择勇于担当，沉下心来寻求解决问题的方法。

福特汽车公司是美国创立最早、最大的汽车公司之一。1956 年，该公司推出了一款新车，尽管这款汽车功能都很好，价钱也不贵，但奇怪的是，竟然销路平平。

公司的管理人员急得就像热锅上的蚂蚁，但他们绞尽脑汁也找不到让产品畅销的方法。这时，福特汽车公司里一位刚刚毕业的大学生对这个问题产生了浓厚的兴趣，他就是艾柯卡。

当时，艾柯卡是福特汽车公司的一位见习工程师，他的工作本来与汽车的销售业务毫无关系。但是，公司老总因为这款新车滞销而着急的神情，却深深地印在他的脑海里。他心想："只要是有关公司利益的事情，就都是我的责任。"

于是，艾柯卡开始不停地琢磨，究竟该怎么做才能让这款汽车畅销起来呢？终于，他想出了一个好点子。就在大伙儿都为这事儿愁眉不展之际，艾柯卡径直来到总经理的办公室，恭敬诚恳地说道："总经理，我觉得咱们公司应该在报纸上刊登广告，广告的内容是：您只需花56美元就能买下一辆56型福特汽车。"

总经理对他的提议非常感兴趣，示意他继续说下去。原来，艾柯卡的建议是：不论谁买下一辆1956年生产的福特汽车，都只需先付20%的货款，余下部分可按每月付56美元的办法逐步付清。

艾柯卡的建议得到了采纳，"花56美元买一辆56型福特"的宣传广告引起了人们极大的兴趣。在短短的三个月中，这款汽车在费城地区的销售量从刚开始的倒数第一位变成了第一位。

而艾柯卡也因此受到公司领导的赏识，很快，总部就将他调到华盛顿，并委任他为地区经理。后来，艾柯卡又根据公司的发展趋势，不断采用一系列富有创意的营销策略，使得福特汽车的销量稳步上升。

可以看到，"花56美元买一辆56型福特"的广告宣传，不但打消了很多人对车价的顾虑，还给人留下了"每个月才花56美元就可以买辆福特车，实在是太划算了"的印象。艾柯卡确实特别有智慧，而这一切都要归功于他的勇于担当。我们对待工作的态度是决定我们能否将工作做好的关键。换句话说，只要我们能勇敢地承担起责任，选择担当，不逃避，不退缩，把寻找借口的时间和精力用到努力工作中去，那我们每个人都有机会在事业上取得成功。

没有担当就没有成功

"认识你自己"这句刻在德尔菲的阿波罗神庙的箴言向人们指出了一个真理:不管我们做什么事情,都要学会正确地看待自己。

当我们在工作中遇到困难时,不要总想着"我不行""我做不了""我解决不了",而是要将这种借口扔到一边,充分认识到自己的能力,告诉自己"我能行"!

其实,那些在职场上时常将"我不行"挂在嘴边的人,要么是真的对自己的工作能力缺乏自信,要么是能偷懒就偷懒,但不管是哪一种,都是对工作不够有担当的表现。他们以为"我不行"三个字能赦免自己的一切不作为,有了这样的借口,自己就能心安理得地允许自己遇到问题可以不动脑筋,出了差错可以不用担当。可残酷的职场会狠狠地往他们头上浇上一瓢冷水,让他们清醒地意识到:如果你有智慧,请你贡献智慧;如果你没有智慧,请你贡献汗水;如果你两样都不贡献,请你离开公司。

艾尔宾·菲特纳是美国经济学博士,他拥有 14 家上市公司,是一个超有手段的亿万富翁。菲特纳有个下属，深通说服之术，而且，他对自己所销售的商品十分有信心，因此，再有难度的业务，他也能谈成功。在进入公司很短的时间内，这位员工就已展现出了极其惊人的业务能力，并做出了相应的成绩。为了奖励他，菲特纳破例地除了周薪之外，另外还发给他一笔800美元的奖金。当天，那人兴冲冲地回家了。

不料，第二天却发生了翻天覆地的变化，令菲纳特先生震惊的是，那人竟然对菲特纳说："董事长，昨晚我和妻子长谈了一夜。因为上周我的运气实在太好，所以业绩才比较好。我想，运气不会总这么眷顾我的，我太太也很担心，万一这星期我连一份合同都签不到，那该怎么办？她甚至担心得哭了起来。因此，我想和你商量收回本周的奖金，不要按件计酬，能不能固定每周给我300美元的薪水？当然，以后我还是会和上周一样努力工作的……"

听到这番话，菲纳特感到十分失望，本以为这个人充满自信、能力过硬，可以对其委以重任，但没想到他在责任面前，还是选择了借口——"我不行"。

于是，经过一番深思熟虑后，菲纳特决定开除这位员工。在他看来，一个对自己缺乏自信、在工作面前打退堂鼓的人，是永远不会取得成功的。

在现实的生活中，好像没有多少人愿意承认自己不够聪明，但在实际的工作中，我们又常常拿"我不行"当借口。这个借口的潜台词是："我不够聪明，所以你们千万不要对我有太多、太高的要求，虽然我的工作做得不是那么完美，但也是情有可原的，谁叫我天生就比你们笨一些呢？"但事实上，只要我们对工作足够认真负责，勇于担当，即使我们比别人笨一点，我们也能在事业上取得一番成绩。

所以说，当我们在工作中遇到挫折和困难时，先不要轻易断定自己不行，不要急着去否定自己，对自己失去信心。要知道，在这个世界上，方法总比问题多，对工作认真负责的人，通过不断地去尝试、去摸索，最后总能找到答案。

美国著名电台广播员沙莉·拉菲尔在她 30 年的职业生涯中，曾经被辞退 18 次，可是她并不觉得自己没有能力做好这方面的事情。相反，她每次都放眼最高处，确立更远大的目标。

刚开始的时候，由于美国大部分无线电台普遍认为女性广播员无法吸引观众，所以没有一家电台愿意雇用她。经过几番周折，她好不容易在纽约的一家电台谋到一份差事，可不久，她又遭到辞退，对方说她的主持跟不上时代。

值得庆幸的是，沙莉并没有因此而灰心丧气，她始终觉得自己能行。很快，她就向国家广播公司电台推销她的节目构想，虽然国家广播公司电台最后勉强答应了，但提出要她先在政治台主持节目。事实上，沙莉之前并没有接触过任何政治方面的工作，对政治知之甚少，她也曾担心会失败，也曾犹豫过，但她最后还是相信自己的能力。于是，靠着这份坚定的信心，她接下了这个节目的广播任务。

在接下来的工作中，她凭借着自己独特的节目创意，使听众立刻对节目产生兴趣，她也因此而一举成名。如今，沙莉·拉菲尔已成为自办电视节目的主持人，曾两度获得重要的主持人奖项。她说："我被人辞退 18 次，本来可能被这些厄运吓退，做不成我想做的事情。结果相反，我让它们鞭策我勇往直前。"

毫无疑问，沙莉·拉菲尔的成功不仅源于她对自身工作能力的自信，更得益于她自始至终对工作的认真负责，勇于担当。正是因为她从不畏惧在工作中承担责任，肩负担当，所以她才成功地走出"我不行"的陷阱，最后凭借着"我能行"迈向人生的巅峰。

我们每个人都不应该低估自己的能力，遇到问题时不要老想着怎样去逃避，而是应该想着怎样去解决问题。只有这样，我们才能在工作中创造出一个又一个的奇迹。

多点担当，少点借口

在实际的工作中，有的员工做事总是抱着敷衍、应付了事、得过且过的态度，他们从不要求自己必须将工作做到尽善尽美，只求过得去，于是工作难免出现问题。此时，如果公司领导追究责任的话，他们就会轻描淡写地说自己"粗心"。

然而，真的只是因为粗心吗？当然不是。归根结底，一个人是否粗心完全取决于他是否有担当精神。众所周知，当工作出现问题时，一个缺乏担当精神的员工往往会找很多借口来为自己辩解，这个时候，"粗心"就被他们拿来当作免罪金牌。而一个有强烈担当精神的员工则会时刻告诉自己，在工作面前，绝不能粗心大意。

所以，面对工作，我们最好多点责任心，少找点借口，要知道，在问题面前为自己寻找借口是懦夫的表现，没有哪一家企业会欢迎没有担当精神的员工。

有一位名牌大学新闻专业毕业的小伙子，被一家知名报社录用了。刚开始上班时，同事们对他的印象还不错，但是没过多久，他做事不认真的毛病就暴露出来了，他上班经常迟到，和同事一起出去采访也经常丢三落四。对此，报社领导找他谈了好几回话，但是，他总是以各种借口来搪塞。

一天，报社接到热心读者爆料，领导派他独自前往采访。可没过多久，他就回来了，领导问他采访的情况怎样，他却抱怨道："路上太堵了，等我赶到时，事情都快结束了，并且已经有别的新闻单位在采访了，我看也没什么重要的新闻价值，所以就回来了。"

领导听了很生气，厉声问道："交通是很堵，但是你不会想别的办法吗？为什么别的记者就能及时赶到呢？"

小伙子争辩道："交通真的很堵嘛，再说我对那里又不熟，还背着这么多的器材……"

领导心里更气了，于是，他严肃地说道："既然这样，那你另谋高就好了，我不想看到记者不但没有完成报社交给他的任务，反过来还有满嘴的借口。作为新闻工作者，不管任务有多么艰巨，我们都必须想方设法把任务完成。"

通过这个故事，我们可以清楚地看到，在实际的工作中，当一个人开始找借口的时候，胜败早已成定局。很多时候，我们和故事中的小伙子一样，以为借口是一张敷衍别人、原谅自己的挡箭牌，是一副掩盖错误、推卸责任的万能器。殊不知，借口完完全全是一剂"慢性毒药"，在悄无声息中逐渐腐蚀我们的心灵。它让我们把宝贵的时间和精力浪费在一些毫无意义的事情上，而慢慢忘却自己肩负的担当和使命，这无疑是相当可悲的！

关于责任心的重要性，著名企业家洛克·菲勒曾经说过："一个企业所缺少的并不是能力特别出众的员工，而是有强烈担当精神、时刻把担当和使命记在心头的员工。"没错，对于一个企业来说，人才是重要的，但更重要的是真正具有担当精神的人才。所以，我们只要还坚守在工作岗位上，就时刻不能放松"担当"这根弦。唯有如此，我们的工作才不会出现大的纰漏，我们才不会给企业带来损失。

总之，工作中遇到困难和挫折，具有担当精神的人会积极主动地找方法，而缺乏担当精神的人则会消极被动地找借口。其实，一个人找借口看似逃避了责任，不必为自己的过错和失败埋单，但同时也因此失去了一次成长的宝贵机会，失去了领导和同事的信任。

姜跃腾在一家公司担任工程造价部主管，他的工作就是为公司估算各项工程所需的价款。有一次，他负责的一项估算被一名核算员发现了重大错误，该核算员出于对工作的负责，就将此事汇报给了领导。

领导很快就把姜跃腾叫进了办公室，严肃地说道："小姜，你赶紧把这份报告拿回去，再认真做一下核算，再有错误，我可不饶你啊！"领导的批评让姜跃腾觉得面子上挂不住，所以他非但不肯认错，还怒气冲冲地去找那名核算员算账，责怪其越级报告，怒斥其是一个卑鄙无耻的人。

很快，这件事就传进了领导的耳朵里，领导厉声质问姜跃腾道："你的错误不是已经确定了吗？难道你希望那名核算员为了你的面子而不顾公司的损失将这件事隐瞒下来吗？"

姜跃腾无言以对，不敢再为自己争辩。这时，领导劝告他说："工作中谁都有可能出错，只要态度端正，不找借口，不生是非，下次不再犯，那就没什么大问题。你作为一个部门主管，更应该以身作则，带头起表率作用！"

然而，过了一段时间后，姜跃腾又有一个估算项目被那名核算员查出错误。没想到这次姜跃腾的态度较之以往还更加恶劣，逢人便说是那名核算员对他进行打击报复。那名核算员为了证明自己的清白，连忙请另外一名核算员重新核算，结果证明姜跃腾的估算确实有问题。

领导为了安抚人心，决定将姜跃腾辞退，"从明天起，你不用来上班了，我不可能让一个满嘴借口、毫无担当的人来损害公司的利益！"

无论如何，我们每个人都应该具有担当精神，这是工作的需要，更是我们实现自己人生价值的需要。在职场上，错就是错，失误就是失误，已经发生的事实不会因为我们的借口而改变它们的本质。所以，若想成为一名优秀的员工，我们必须拿出勇气去面对自己犯下的错误，去承担自己应该承担的责任、肩负的担当。

坦率承认错误，从中汲取教训

据心理学家观察，当人们看到犯了错误的人痛心疾首、懊悔自责的态度和竭尽全力去改正错误的行为时，大都会因此而生恻隐之心，同时还会给予其热情的关注和由衷的帮助。

当我们在工作中不小心犯了错误，给公司造成损失时，只要我们不急于找借口推卸责任，而是接受批评，从错误中吸取教训，积极着手解决问题，那我们就会很快得到领导的谅解和同事的赞许。这样一来，错误不就成了我们事业转折的一个良好契机么？要知道，在实际的工作中，很多人就是在跌了一次跟头后，幡然悔悟，由此得到了领导、同事以及客户的信赖。总之，在这个世界上，没有人喜欢犯错，但犯错又难以避免。既然如此，我们就要从错误中吸取教训，只有这样，我们才会逐步走向成熟。

汉武帝时期，一天，汉武帝外出巡察，路过宫门口时，眼前突然出现一位头发全白的老卫兵。这位老卫兵穿着很旧的衣服，站在宫门口，十分认真地检查出入宫门的人。出于好奇，汉武帝便走向前询问这位老卫兵姓甚名谁。老人答："卑职姓颜名驷，江都人。从文帝起，历经三朝，一直担任此职。"

汉武帝紧接着问："为什么你一直都没有升官的机会呢？"

颜驷道："从三代帝王来讲，汉文帝喜好文学，而我喜好武功；后来汉景帝喜好老成持重的人，而我当时年轻气盛；如今的汉武帝，喜好年轻英俊有为之人，而此时的我早已年迈无为了。因此，虽然我经历过三朝皇帝，却一直都没有升官的机会，惭愧啊！惭愧啊！"

颜驷活了大半辈子，历任三朝，一直都没有得到升迁的机会，此时的他应该从自身找找原因，而不是将责任推给时运不济。虽然从表面上看，颜驷的解释合情又合理，但是我们只要仔细想一想就会发现，这种解释不过是他从潜意识里给自己的失误和失败寻找借口，安慰自己，将自己该负的责任推得一干二净罢了。

在实际的工作中，如果我们也如颜驷一样，凡事总是责备别人，那我们最后的结局肯定和颜驷一样，一辈子都无所作为。要知道，在这个社会上，很多人之所以平庸一生，就是因为他们喜欢推卸责任，不愿担当。当别人已经从错误中吸取教训，在事业上更进一步时，他们却一步步往后退，直至将自己围困在一个逼仄的角落退无可退。

正所谓吃一堑，长一智，只要我们不想着推卸担当，我们就能够从错误中吸取教训，避免下一次被同一块石头绊倒。

詹姆斯是一家公司的财务人员，工作向来认真负责的他，有一次在给全公司的员工做工资表时，不小心给一个请了病假的员工定了全薪，忘了扣除他请假几天的工资。在意识到自己所犯的错误后，詹姆斯很快就找到了那名员工，告诉他这个月多发的钱要在下个月的工资里扣除。

没想到，这名员工却对詹姆斯说自己手头正紧，希望詹姆斯能分期扣除。但是如果真的这么做的话，詹姆斯就没有权力做决定了。因为这就意味着他必须得向老板请示，而这样一来，老板便会知道他所犯的这个错误。

詹姆斯深知，老板知道后一定会非常不高兴，可是他又认为这混乱的局面都是由于自己工作的疏忽而造成的，所以他必须负起这个责任。想到这儿，詹姆斯立马就去向老板认错。

当告诉老板他犯的错误后，老板的反应却让詹姆斯大感意外。

老板竟然大发脾气地说这是人事部门的错误，当詹姆斯再度强调这是他的错误时，老板又大声指责这是会计部门的疏忽，当詹姆斯再次认错时，老板却向他竖起了大拇指："我就是想看看你承认错误、承担责任的决心有多大。事情我已经了解清楚了，你回去按照自己的想法把这个问题解决掉吧！"

从老板的办公室回来后，詹姆斯赶紧亡羊补牢，答应了那名员工的请求，彻底将自己的错误改正过来。从那以后，老板不但没有不再信任詹姆斯，反而更加器重他了。

由此可见，当我们在工作中犯了错误，且知道责任不可推卸时，如果我们能勇敢地站出来，向老板承认自己的错误，并承担起自己该负的责任，从错误中吸取教训，努力将工作做好，那我们就能得到老板的谅解，重新开启事业的春天。

行走职场，勇于承认错误，才不会被错误所累，这是永恒不变的真理。

当我们犯了错的时候，谁也不会有兴趣去听我们的辩护，所以找借口纯粹是浪费宝贵的时间和精力。如果我们做错了，请不要推卸担当，只要勇敢地承认："对不起，我做错了！"然后再从错误中吸取教训，保证下次不再犯同样的错误。

摒弃应付工作的心理

在两性关系中，很多女性宁愿选择一个只有 10 元钱却愿意为她花 10 元钱的男性，也不愿意选择一个有 100 元钱却只愿意为她花 50 元钱的男性。在她们看来，前者有心暂时无力，是可以谅解的"能力问题"，而后者却有力无心，是无法原谅的"态度问题"。

其实，在某种程度上，企业选择员工的标准和女性选择伴侣的标准不谋而合，总是倾向于选择那些态度端正的人。因为只有这样的员工，才不会在工作中抱有应付工作的心理，不管在何种情况下，他们都会将事情做好。

有一匹马，它每天的任务是驮着货物跟随主人到各地去贩卖，但是这匹马对自己这种生活很不满意，它总是抱怨个不停，不是怨天气太热，就是怪东西太重。它觉得自己每天工作十分辛苦，非常委屈。

有一天，这匹马驮着一大包糖，随着主人到城里去，一路上，它依旧唠叨个不停。虽然嘴里不断地在唠叨，可是，活儿还是得干！当它经过一座独木桥时，可能是因为心情不好，所以重心没有抓稳，一个不小心，它掉进河里去了。

它的主人赶紧把它拉上岸来，起来后，它顿时觉得背上的东西轻了很多，因为糖碰到水，一大半都被溶化了。于是，这匹马认为自己是因祸得福，非常高兴。

过了几天，这匹马又经过这座独木桥，因为上次的甜头犹存心中，所以它就故意摔下河去。它一面摔下去，一面还在想："我马上就可以解脱了。"

谁知道，这次非但没有像上次一样减轻负重，背上的货物反而加重了许多。这匹马越想越觉得不对劲，就问主人为什么。它的主人轻轻拍着它的头，忍俊不禁道："宝贝马呀，你真是自作聪明。上一次你背的东西是糖，糖碰到水，很容易溶解掉，所以越来越轻；可是这一次你背的是棉花，棉花碰到水，不但不会溶化，反而会吸收水分，所以你才会觉得越来越重。"

有没有发现，故事中的这匹马像极了当今企业里的一部分员工，他们做事懒散、马虎、潦草，每次工作都要别人三催四请，威逼利诱，如果没有人监督和鞭策，他们只会随便做做样子，应付一下领导。毫无疑问，这种敷衍心理严重影响了他们的工作效率和工作质量，严重者还会给企业带来不可估量的损失。

有位哲人说过："轻率和疏忽是旗鼓相当的瘟神。"其实，这两者恰好都是喜欢应付工作之人最常犯的毛病。而在人类的历史上，则充满着由于轻率和疏忽而酿成的可怕惨剧，这值得我们每一个人在工作中引以为戒。

1986 年 1 月 28 日，美国的"挑战者号"航天飞船刚升空就发生了爆炸，包括两名女宇航员在内的七名宇航员在这次事故中罹难。

调查结果显示，此次事故之所以会发生，是一个 O 型密封圈在低温下失效所致。失效的密封圈使炽热的气体点燃了外部燃料罐中的燃料。

尽管在发射前夕有些工程师警告不要在气温 11.6 摄氏度以下时发射，但是由于发射计划已经被推迟了五次，所以警告未能引起足够重视。这次事件是人类航天史上最严重的一次载人航天事故，一些人员对技术人员的建议敷衍了事，结果却造成七名宇航员遇难，直接经济损失 12 亿美元。

总之，用心工作，最大的受益者永远是自己；而应付工作，最大的受害者也必定是自己。对工作敷衍了事的人，不只是工作起来效率特别低，他自己还会成为自己发展和进步道路上的最大敌人。

为什么这么说呢？因为一个人应付工作，到头来只会给别人留下做事不负责任的坏印象，从而很难获得领导的信赖和重用，最后自然也就无法在职场上为自己挣得一席立身之地。

陶禹大学毕业后，进入一家外企工作，工作没多久，同事们都夸他聪明机灵。只要老板在公司，陶禹确实表现出一股机灵劲儿，工作起来总是特别卖力，干完自己的工作，他还会热心地帮助其他的同事做一些自己力所能及的事情。

看到陶禹表现那么出色，老板打心眼里感到高兴，他觉得陶禹是一个不错的小伙子，年轻肯干，对工作颇有担当精神，并打算过段时间提拔他。

可是，只要老板不在，陶禹就觉得自己应该松口气，好好放松放松。所以，每当老板有事外出，他就会趁机做些与工作无关的事情，比如上网聊天、读报纸、看杂志。哪知道，天下从来没有不透风的墙，他这种应付工作的心理终于还是被老板察觉到了。

有一天，老板刚出去就杀了个回马枪，当时陶禹正在读报纸、喝咖啡，正好让老板逮了个正着。这下可把老板气坏了，他没想到自己心目中的对工作认真负责的好员工，竟然是这么一个偷奸耍滑之辈！

一怒之下，老板当即就让陶禹收拾东西结好当月工资走人，尽管陶禹再三哀求，老板还是不愿意继续将他留在公司。

其实，像陶禹这样的员工从头到尾对工作都在应付：上班要应付、加班要应付、领导交代的工作要应付、工作检查更要应付，甚至就连睡觉时也忙着要应付 —— 想着怎么应付明天的工作。

不难发现，应付工作正是员工缺乏担当精神的一种表现。毫不夸张地说，一个人事业失败最大的原因就是他对待工作敷衍了事。因此，为了避免这种情况的发生，我们必须认真负责地对待工作，坚决摒弃应付工作的心理，努力做一个具有担当精神的优秀员工。

第六章

用高效执行诠释担当精神

自觉担当，主动执行

在职场中，面对同一份工作，有的人工作起来得心应手，诸事顺利；有的人却不尽如人意，怨声载道。请问，大家做的事明明都差不多，为什么最后会出现这两种完全相反的结果呢？

原因就在于前者总是能自觉承担责任，勇于担当，自动自发地去执行任务；而后者就好似"算盘珠子"，拨一下动一下，不拨他就不动，这种人做事向来懒于思考，疲于行动，眼里根本就没有活儿，就算上级给他们安排了工作任务，他们也会随随便便应付了事。可以说，被动消极是贴在他们身上的最恰当的标签。

当然，我们必须要搞清楚，主动执行并非是一句简单的口号或是一个简单的动作，而是要充分发挥自己的主观能动性，在接受工作任务后，尽一切努力，想尽一切办法，把工作做到最好。

董明珠——珠海格力电器有限公司副董事长兼总裁，中国空调界一个举足轻重、掷地有声的名字。很多人好奇她为何会如此成功，也许我们可以从她一件小小的事件——"主动讨债"中找到答案。

初到格力电器时，董明珠只是一名最底层的销售人员，她被派到安徽芜湖做市场营销工作。当时，她的前任留下了一个烂摊子：有一批货给了一家经销商，但经销商很长时间都不肯付货款，几十万元的货款一直收不回来。

其实，公司并没有把收款的任务交给董明珠，所以按理说，她完全可以对此撒手不管，一门心思把自己的业务开拓好就可以了。

可董明珠却不那么认为，她心想："既然我是公司的一分子，那别人欠公司的钱，我就有责任把这笔钱收回来。"

就这样，她跟那家不讲信誉的经销商软磨硬泡，经过几个月的努力，虽然没要到货款，但总算把货要回来了。

让董明珠没想到的是，这次"多管闲事"的讨债行为，刚好让公司见识了她的工作实力。很快，她就从基层员工中脱颖而出，坐上销售经理的位置。在后来的工作中，董明珠继续展示着她对责任的自觉担当以及对工作的超强执行力，这一切将她推上总裁的宝座。

可以看到，董明珠的成功并非偶然，她对责任的自觉担当以及她对工作的主动执行，才是她最终获得成功的根本原因。著名成功学家拿破仑·希尔曾经说过："主动执行是一种极为难得的美德，它能驱使一个人在没被吩咐应该去做什么事之前，就能主动地去做应该做的事。"

众所周知，执行是实现目标的关键，任何好的计划都需要员工高效的执行来完成，能否完美执行是考验一个员工能否成为优秀员工的条件。而员工自身执行力的高低，也直接决定了他们的职场前途。

纵观现代职场，那些发展最快、成就最高的员工，往往都是将责任承担得最彻底、将执行做得最出色的人。因此，我们要想在事业上有所成就，就必须培养自己积极、主动、负责的工作精神，自觉地从被动执行走向主动执行，唯有如此，我们才能获得宝贵的机会，实现自己的人生价值。

一次，海尔举行全球经理人年会。会上，海尔美国贸易公司总裁迈克说，冷柜在美国的销量非常好，但冷柜比较深，用户拿东西尤其是翻找下面的东西很不方便。他提出，如果能改善一下，上面可以掀盖，下面有抽屉分隔，让用户不必探身取物，那就非常完美了。会议还在进行的时候，设计人员已经通知车间做好准备，下午在回工厂的汽车上，大家拿出了设计方案。

当天，设计和制作人员不眠不休，晚上，第一代样机就出现在迈克的面前。看到改良后的产品时，迈克难以置信，他的一个念头 17 小时就变成了一个产品，他感慨地说："这是我所见过的最神速的反应。"

第二天，海尔全球经理人年会闭幕晚宴在青岛海尔国际培训中心举行，新的冷柜摆在宴会厅中。当主持人宣布，这就是迈克先生要求的新式冷柜时，全场响起热烈的掌声。如今，这款冷柜已经被美国大零售商西尔斯包销，在美国市场占据了同类产品 40% 的份额。

现代许多职场人一味地强调忙碌，却忘记了工作成效。做事并不难，人人都在做，天天都在做，重要的是将事做成。做事和做成事是两回事，做事只是基础，而只有将事做成，你的工作才算真正完成了。如果只是敷衍了事，那就等于在浪费时间，做了跟没做一样。这就是很多看起来从早忙到晚的人却忙而无果的重要原因。

做了并不意味着完成了工作，把问题解决好，才称得上是合格地完成了工作。所以，我们要想有好的发展，在工作时就不能将目光只停留在做上，而应该看得更远一些，将着眼点放在做好上。日事日清的员工只有把做好作为执行的关键，才能圆满地完成工作任务。

美国通用电气公司（GE 公司）看重的是员工落实点子的能力，而不是能想出多少好点子。"你做了多少"是 GE 公司评价员工的核心观念。新员工进入 GE 公司，公司会在员工的入职教育中告诉他们，在 GE 公司的企业文化中，"你做了多少"是最重要的。即使你是哈佛大学的高才生，即使你有最出色的机会，一旦进入 GE 公司，他们只关注你的成绩，只关注你做了多少。

如果你想获得加薪和升迁的机会，那你就得自觉背负更多的担当，并积极主动地执行。当你养成这种自动自发工作的习惯后，你就可以用行动证明自己是一个勇于担当、值得信赖的人。

总之，岗位责任如果不落在执行上，那它就会变成一纸空文，没有任何的意义。一个出色的员工，应该是一个自觉承担岗位责任、积极主动去做事的人。

克服拖延症，对岗位负责

对岗位有担当的员工，在工作上遇到问题时，从来不会拖延，更不会得过且过，他们只会努力地寻求解决之道，防止事情进一步恶化；而对岗位不够有担当的员工，其自身也缺乏足够的执行力，遇到问题总是置之不理，结果问题就像滚雪球一样越滚越大，最终发展到不可收拾的地步，让人追悔莫及。

不难发现，后者所犯的正是拖延症。所谓的拖延症，在心理学上的定义是这样的：自我调节失败，在能够预料后果有害的情况下，仍然把计划要做的事情往后推迟的一种行为。在职场上，有拖延症的员工比比皆是，归根结底，还是因为他们对工作缺乏必要的担当精神，在接到工作任务或是工作上遇到问题后，无法立即执行岗位责任。他们总是习惯将任务和问题一推再推，今天推明天，明天推后天，直到不能再推，才勉强逼迫自己去做，而最后的结果可想而知。对于每一位渴望在事业上获得成功的人来说，拖延症无疑最具破坏性，同时它也是最危险的恶习，它让我们在不知不觉之中丧失进取心。

那么，我们究竟该如何做才能克服拖延症呢？答案只有两个字——行动。没错，只要我们还愿意承担岗位责任，勇于担当，那我们就必须用行动来破除拖延症的魔咒。而当我们开始着手做事时，我们就会惊奇地发现，自己的处境正在迅速改变。

一位农夫的农田里，多年以来一直横卧着一块大石头。这块石头碰断了农夫的好几把犁头，还弄坏了他的农耕机。农夫对此无可奈何，巨石成了他的一块心病。

有一天，在又一把犁头被碰断之后，农夫想起巨石给他带来的无尽麻烦，终于下决心弄走巨石，了结这块心病。于是，他找来撬棍伸进巨石底下，他惊讶地发现，稍稍使点劲儿，就可以把石头撬起来。

农夫脑海里闪过多年被巨石困扰的情景，再想到自己其实可以更早些把这桩头疼事处理掉时，不禁苦笑起来。

其实，在工作中，遇到问题就应该立刻弄清缘由，然后再想办法解决问题。要知道，做事拖拖拉拉或许能换取一时的安逸，但是从长远来看，这样做绝对是在浪费我们宝贵的时间和精力。就像故事中的农夫，很多事情并没有我们想象中那么困难，只要我们积极主动地执行岗位责任，就能在行动中找到最佳的解决办法。

美国前总统西奥多·罗斯福说过："做任何决策时，选择做对的事情是最棒的，选择做错的事情是次棒的，选择什么都不做是最糟的！"毫无疑问，拖延症患者就是选择什么都不做，对于那些属于自己的那份担当，他们始终都不愿意立即采取有效的行动，所以最后才会陷入无穷无尽的烦恼之中而无法自拔。

李畅琳大学毕业后进入一家公司工作，做事一向拖拉的她，在自己的第一份工作中栽了个大跟头。工作的第一天，公司领导就给她和另外一个新来的女生安排了一个任务，让她俩在网上搜集相关的资料，然后结合自己的想法，各自撰写一个活动的策划方案，要求在一个礼拜内完成。

李畅琳一听领导说"一个礼拜内完成"，心里顿时卸下了一个大包袱，她长吁一口气，决定先把这个策划放到一边，最后两天再来想办法完成它。当另外一个女生已经开始在网上搜集相关资料时，她还一边小口地喝着咖啡，一边悠闲地逛着淘宝网。

时间飞快地过去了，到了第七天，李畅琳还没开始工作，她心里感到非常焦虑，拖延了那么久，她每天其实过得并不开心，心里总是惦记着这个事儿，可就是不愿意开始行动。一个上午的时间，李畅琳才搜集了一点点资料，这一下，她彻底慌了，因为接下来的几个小时，根本不够她撰写活动策划方案。

怎么办呢？李畅琳只好病急乱投医，从网上抄一些别人的创意，加在自己的活动策划方案里，草草了事，随便应付下领导。

最后，领导采纳了另外一个女孩精心撰写的活动方案，并且决定让这个女孩担任这次活动的总监。而李畅琳呢，因为做事拖延，不仅错失了这次机会，还挨了领导的批评。

其实，在实际的工作中，像李畅琳这样做事拖延的人不胜枚举。他们总以为时间还有一大把，只要在规定的期限内把工作完成就行了，殊不知，

做一个有担当的好员工

要做好任何一项工作都不是简单的事，必须花费一定的时间和精力。所以，当期限将至，我们着手准备去完成那件工作时，我们才会发现，事情并不像我们所想的那般简单，再加上长期的拖延于无形中又消耗了我们不少的心力，最后我们上交给领导的只可能是一个不甚完美的结果。

"拿下美国B客户非常难！"洗衣机海外产品部崔经理接手美国市场时，大家都这么说，因为前面的历任产品经理对这位客户都业绩平平。

真这么难吗？崔经理不信。这天，崔经理一上班就看到了B客户发来的要求设计洗衣机新外观的邮件。因时差12个小时，此时正是美国的晚上，崔经理很后悔，如果能及时回复，客户就不用等到第二天了！从这天起，崔经理决定以后晚上过了11点再下班，这就意味着，可以在美国当地时间的上午处理完客户的所有信息。

三天过去了，日事日清让崔经理与客户能及时沟通，开发部很快完成了洗衣机新外观的设计图。在决定把图样发给客户时，崔经理认为还必须配上整机图，以免影响确认。大约子夜一点，崔经理回到家，立刻打开家中的电脑，当看到客户回复"产品非常有吸引力，这就是美国人喜欢的"时，她顿时高兴得睡意全无，为自己的工作取得的效果而兴奋不已。

样机推进中，崔经理常常半夜醒来，打开电脑看邮件，可以回复的就即时给客户答复。美国那边的客户完全被崔经理的精神打动了，随之推动业务进度，B客户第一批订单终于敲定了！

其实，市场没变，客户没变，拿大订单的难度没变，变的只是一个有竞争力的人——崔经理。她说："因为我从中感受到的是自我经营的快乐，有时差，也要做事不拖延！"

146

　　说白了，做事拖延就是人的惰性在作怪，每当我们要付出行动时，我们总会想办法找一些借口来安慰自己，总想让自己过得轻松些、舒服些。然而，越是这个时候，我们越是要意识到自己所肩负的担当，勇敢地战胜惰性，积极主动地应对挑战，绝对不能深陷拖延的泥潭，白白蹉跎自己的光阴。

工作要在截止日期前完成

　　俗话说得好："今日事，今日毕。"不管我们做什么事情，都不能把今天要完成的事情推到明天，把明天要完成的事情推到后天。总之，只要是我们分内的工作，都必须在截止日期前完成，唯有如此，我们才不会养成做事拖沓的恶习，才不会耽误工作的顺利进行，才不会阻碍事业的进步。

　　在工作中，很多人有过这样的经历：在开始工作时会产生不高兴的情绪，所以总是不自觉地把某个期限内必须完成的工作一拖再拖，等到老板伸手找我们要工作结果时，我们却什么也拿不出来。

　　面对这种情况，老板最后到底会有什么反应，相信每个人都了然于胸。要知道，企业是以营利为目的的，老板花钱请我们工作，自然是希望我们能创造出大于我们所拿到的实际薪水的价值，再不济我们也不能让老板亏本。可如果我们不能在截止日期前完成自己的工作，那就等于让老板白花钱养懒汉，试问，又有哪一家公司的老板会对员工那么大方呢？退一步讲，就算老板愿意这么做，企业也没有那么多的闲粮让不干活的懒汉坐吃山空呀！

所以，我们要学会调试自己的心态，哪怕从事的是再艰难的工作，我们都要立即付诸行动，认真负责地去做。因为一旦我们开始行动，随着时间的流逝，我们离工作完成的日子只会越来越近，这个时候，我们的内心就再没有"必须要开始工作"的不愉快情绪了，相反，我们还会有一种前所未有的成就感。

有一次，约翰•丹尼斯和他的一位副手到公司各部门巡视工作。到达休斯敦一个区加油站的时候，已经是下午三点了，约翰•丹尼斯突然看见油价告示牌上公布的还是昨天的价格，很显然，加油站的工作人员并没有按照总部指令将油价下调5美分/加仑，这让约翰•丹尼斯十分恼火。

约翰•丹尼斯立即让助手找来了加油站的主管弗里奇。远远地望见这位主管，他就指着报价牌大声说道："弗里奇先生，你大概还熟睡在昨天的梦里吧！要知道，你的拖延已经给我们公司的声誉造成很大损失，因为我们收取的单价比我们公布的单价高出了5美分，我们的客户完全可以在休斯敦的很多场合贬损我们的管理水平，并使我们的公司被传为笑柄。"

意识到问题的严重性后，弗里奇先生连忙说道："是的，我立刻去办。"

看见告示牌上的油价得到更正以后，约翰•丹尼斯面带微笑地说："如果我告诉你，你腰间的皮带断了，而你却不立刻去更换它或者修理它，那么，当众出丑的只有你自己。这是与我们竞争财富排行榜第一把交椅的沃尔玛商店的信条，你应该要记住。"

工作要在截止日期前完成，这是我们每一个职场人都应该具备的最基本的职业操守。只有做到这一点，公司老板才能看到我们的执行能力，才会放心地将工作交给我们去做，而我们也才有机会向其证明我们的实力。

有人曾问一位法国政治家，"您是凭借什么使自己在政坛上获得巨大成功的同时，还能承担多项社会职务呢？"政治家答道："我从来不把今天要完成的工作推到明天，仅此而已。"由此可见，立即行动，绝不拖延，按时按质完成工作，是一个事业成功者必备的作风。

众所周知，在竞争激烈的现代职场，行动和速度是制胜的关键。面对工作，如果我们总是拖着不肯去行动，那最后根本完不成工作。很多人平庸一生，在某种程度上，就是因为他们做什么工作都喜欢拖延。可以想象，这样的习惯不仅会使人变得越来越懒惰，时间长了，还会破坏人整个的精神面貌，使之变得思维僵化、反应迟钝。

古语有云："流水不腐，户枢不蠹。"这句话的意思是，常流的水不发臭，常转的门轴不遭虫蛀。换句话说，一个人只有在工作岗位上进行活跃的思考，保持强烈的上进心和高昂的斗志，积极主动地执行任务，他才不会丧失自己宝贵的创造力和竞争力。

当然，也许有人会为自己的低执行力做如是辩解："我没有在截止日期前完成工作，是因为我做事谨慎。"拿谨慎当借口的人，往往没有搞清楚"谨慎"二字的含义，要知道，谨慎是对于将要的工作做好计划，而低执行力则是将应该在某个期限内完成的工作一而再再而三地往后拖。总之，工作的价值在于行动，雷厉风行或许容易出错，但这总比什么都不去做要强上许多。

不掩饰，不辩解，主动担当

"责任到此，不能再推"，这是美国第 33 届总统杜鲁门的座右铭。这句话传达出一种勇于担当的工作态度，告诫每一位在职场工作的人，不要把宝贵的时间和精力浪费在如何推脱责任上。只要是我们的职责所在，问题必须到此为止，这才是一个高执行力的员工应有的职业素养。

在一家企业当中，如果每个人、每个部门都习惯性地推卸自己的责任，那么，将会给企业带来非常可怕的后果。

廖明和张鑫分别是一家中型科技公司的主管，廖明主管市场部，张鑫主管技术部。这家科技公司凭借着一项专利技术让公司的核心竞争力有了很大的提高，不光国内市场风生水起，最近一两年，公司还积极向国外市场进军，并且有了一些重大的收获。

不过，公司最近发生的一件事情却让总经理大为生气，因为他们公司损失了一笔数千万美元的订单。

公司的海外事务部最近反馈给公司一个重要消息：土耳其一家大型公

司需要一大批器材，在斟酌了价格和技术之后，他们选择了我们的公司，这个订单非常大，超过我们过去一年在海外市场的订单总额。

面对这样突如其来的好事，公司各部门开始协同运作。首先，市场部主管廖明带队，与技术部主管张鑫一起奔赴土耳其展开洽谈。事情原本进展非常顺利，但一个小小的插曲却让这次合作成为泡影。

在这家位于伊斯坦布尔的公司总部里，双方正在会议桌上洽谈。当对方问及如果"设备安装、维修等具体售后服务由我们自己解决，你们在价格上可以给出多大的优惠"时，廖明和张鑫顿时就懵了。因为他们俩都没有准备这样的"功课"，廖明以为这是技术部的事情，而技术部认为市场部早就了解各方面的价格，对此应该有所准备。

两人你推我，我推你，最后都没能回答这个问题，只是说："等我们向公司咨询后，再回答你们的问题。"而客户对他们的态度非常不满，直接撂下一句："你们公司看来都没有准备好这次合作，如果是这样，那我们就要重新考量双方的合作了。"

就这样一件小事，让这次合作成了泡影。

回国之后，两人又开始在总经理面前互相推诿责任。压抑着怒火的总经理说出了这样一句话："我们公司的制度你们也清楚，在洽谈合作方面，市场部和技术部要协同合作，这件事情你们都有责任。客户提出的要求的确出乎意料，但你们的反应也出乎我的意料。如果你们仅仅是没有做足功课，面对这种突发状况还情有可原，但你们那种互相推诿责任的态度居然也让客户看到了。你们俩应该要反思！具体的惩罚稍后我会告诉你们，我现在可以明确告诉你，公司对这种不负责任、不能担当的态度向来是零容忍的，所以，你们自求多福吧！"

总经理的一番话，让两位主管无言以对。

诚然，在这个世界上，有很多事情我们无法掌控，但我们至少可以掌控自己的行为，并对自己的一切行为负起全部的责任。尤其在工作中，当我们犯下错误时，不应该将责任推到别人的身上，竭力掩饰自己的过失，而是要让问题止于自己，然后积极主动地去寻求解决办法。

要知道，一个具有担当精神的人遇到任何问题，首先想"我应该怎么做"，而不是"他应该如何做"。不要再问"谁应该为此事负责""他为什么要让这件事情发生呢"这样的问题，而是首先要问"我要怎么做才能解决问题"，或是"我如何才能比别人做得更好"。

一家食品公司的厂房地势较低，一年夏天，老板出差去了，走之前，他叮嘱几位主要负责人："时刻注意天气变化。"

一天晚上，老板给几位负责人打电话，因为他看天气预报说有雨，担心厂房被淹。老板一连打了几个电话都打不通，最后，老板把电话打到了财务经理的家里，让他立即到公司查看一下。

"嗯，马上处理！"但是，接完电话，财务经理并没有到公司去。他心里想："这是安全部的事，不该我这个财务经理管，何况家离公司很远，去一趟也费事。"于是，他给安全部经理打了电话，提醒对方去公司看一下。

安全部经理接到电话时有些不愉快，心想："我安全部的事情，不需要你来管，反正有安全科长在，我不用担心。"于是，他也没有去公司，连电话也没打一个，安全科长没有接到电话，但他知道下雨了，并且清楚下雨意味着什么，但他心想："有好几个保安在厂里，用不着我操心。"于是，他把手机关了。

保安的确在厂里，但用于防洪抽水的几台抽水机没有油了，他们打电话给安全科长。科长的电话关机，他们便没有再打电话，也没有采取其他措施。值班的保安在值班室里睡得很沉，以为雨不会下得很大。

凌晨，雨突然大了起来，当值班保安被雷雨声吵醒时，水已经漫到床边！他立即给消防队打电话。

消防队虽然来得及时，但由于通知太晚，大部分生产车间被雨水淹没了，数十吨材料泡在水中，直接经济损失达数百万元！

事后，每一个人都说自己没有责任。

财务经理说："这不是我的责任，因为我通知安全部经理了。"

安全部经理说："这是安全科长的责任。"

安全科长说："保安不该睡觉。"

保安说："本来可以不发生这样的险情，但抽水机没有油了，是行政部的责任，他们没有及时买回油。"

行政部经理说："这个月费用预算超支了，我没办法，应该追究财务部责任，他们把预算定得太死。"

财务经理又说："控制开支是我们的职责，我们何罪之有？"

老板听了，火冒三丈："你们每个人都没有责任，那就是老天爷的责任了！我并不是要你们赔偿损失，我要的是你们的态度，要的是你们对这件事情的反思，要的是不再发生同样的灾难，可你们只会推卸责任！"

在实际的工作中，很多人有一种隐隐的担心："如果我把许多事情的责任包揽下来，我能得到多少的回报呢？我是不是吃了亏？"毫无疑问，这种担心是一剂毒药，它让人纠缠在眼前的一点蝇头小利里，从而丧失了最为重要的担当精神。就拿上文的故事来说吧，所有的员工自始至终都是一副"事不关己，高高挂起"的嘴脸，生怕自己多做了一点事情。从表面上看，他们确实免于一场奔波，但实际上他们失去了领导的信任，错过了一次能让自己飞速成长的机会。

虽说在一家企业里，我们不能奢求每一位员工都富有担当精神，都具备超强的执行力，但是我们必须看到，一个能勇于担当且高效执行的人，必然能拥有强大的号召力，进而获得大家的拥戴。

总之，主动承担更多的责任是成功者必备的素质。在大多数的情况下，即便我们没有被告知要对某项工作负起责任，我们也应该拿出"职责所在，问题到此为止"的积极态度，高效地去执行岗位责任。毕竟只有这样的员工，才是最值得企业管理者去用心栽培的人才。

为公司创造价值

在职场上，常听到有人抱怨自己在工作上像老黄牛一样埋头苦干，任劳任怨，每天提早上班、推迟下班，有时甚至连周末都不休息，最后把自己弄得疲惫不堪，却还是得不到老板的赏识和重用。

为什么会出现这种情况呢？

仔细想想，只有一个答案，那就是"老黄牛"式的员工，最后上交的工作结果并不能让老板满意。众所周知，在讲究效率和结果的职场，没有功劳的苦劳统统是徒劳。如果我们不能为公司创造出利润和价值，那即便我们工作再努力，最后也换不回老板的一声赞扬。

有一天，一个贵族老爷打算要出一趟远门，临出发前，他把三个仆人召集了起来。根据每个人不同的能力和才干，贵族老爷分别给了这三个人不同数量的银子，他希望仆人们能好好地利用手上的这一笔银子，替他创造出巨额的财富。

一年后，贵族老爷风尘仆仆地回来了，踏进家门的那一刻，他就立马把三个仆人全部叫到了身边，细细地询问，想要了解这一年他们各自的经商情况。

这时，第一个仆人得意扬扬地说道："老爷，您之前交给我的5000两银子，我已经用它再赚了5000两，现在把它全部奉献给您！"贵族老爷听了，笑得合不拢嘴，赞赏地说道："你真能干！你既然能把赚得的钱全部交给我，可见你的为人忠厚老实，我以后要让你当这个家的总管，让你管理很多的事情！"

紧接着，第二个仆人也兴高采烈地说道："老爷，您交给我的2000两银子，我用它再赚了2000两！"贵族老爷听了，也很高兴，称赞他道："不错，不错，到时候我也派一些事情让你管理。"

最后，贵族老爷把目光投到了第三个仆人的身上，此时，第三个仆人急急忙忙地来到他的面前，打开包得严严实实的手绢说道："尊敬的老爷，您交给我的 1000 两银子还在这里。我一直把它埋在院子里的那棵大树下，听说您回来了，我就连忙把它挖出来了。"

顿时，贵族老爷的脸色有如黑云压城，他严厉地训斥道："你这个懒鬼，竟敢白白浪费我的钱！要你这个只知道吃白饭的仆人何用？"于是，他飞快地夺回了第三个仆人手上的 1000 两银子，最后，还怒气冲冲地把这个仆人赶出了家门。

不难发现，故事中的贵族老爷就好比老板，而第三个仆人就是"老黄牛"式的员工。或许有人在读完这个故事后会有点儿不服气，忍不住替第三个仆人叫屈，他辛辛苦苦替老爷守住了这 1000 两银子，没有亏本，也是一件相当不容易的事情，就算没有功劳，也有苦劳。

可是我们有没有想过，贵族老爷最看重什么？相比起过程，他最看重的还是结果，第三个仆人显然没有为他创造出效益。在竞争激烈的社会，老板为了让自己的公司能继续生存和发展下去，必然也会像贵族老爷一样看重结果，希望员工能出色执行岗位责任，最后上交一份完美的答卷。

所以，当我们拿不出一个完美的工作结果时，请别再高喊"没有功劳，也有苦劳"了，要知道，这并不是一个万能的借口。身为员工，我们必须明白，给不出结果，一味地强调"苦劳"，最终也换不回老板的"芳心"。我们只有转变思维，创造性地去工作，以结果为导向，主动执行岗位责任，我们才能将工作做好，取得事业上的成功。

兄弟三人在一家公司上班，但他们的薪水并不相同：老大的周薪是 350 美元，老二的周薪是 250 美元，老三的周薪只有 200 美元。父亲感到非常困惑，便向这家公司的老总询问为何兄弟三人的薪水不同。

老总没做过多的解释，只是说："我现在叫他们三个人做相同的事，你只要在旁边看看他们的表现，就可以得到答案了。"

老总先把老三叫来，吩咐道："现在请你去调查停泊在港口的船，船上皮毛的数量、价格和品质，你都要详细地记录下来，并尽快给我答复。"

老三将工作内容抄录下来之后，就离开了。5分钟后，他告诉老总，他已经用电话询问过了，他通过一通电话就完成了他的任务。

老总再把老二叫来，并吩咐他做同一件事情。一个小时后，老二回到总经理办公室，一边擦汗一边解释说，他是坐公交车去的，并且将船上的货物数量、品质等详细报告出来。

老总再把老大找来，先将老二报告的内容告诉他，然后吩咐他去做详细调查。两个小时后，老大回到公司，除了向总经理做了更详尽的报告外，他还将船上最有商业价值的货物详细记录了下来，为了让总经理更了解情况，他还约了货主第二天早上10点到公司来一趟。回程中，他又到其他两三家皮毛公司询问了货物的品质、价格。

观察了三兄弟的工作表现后，父亲恍然大悟地说："再没有比他们的实际行动更能说明这一切的了。"

对于企业来说，时间就是金钱，效率就是生命。每一位企业管理者都希望自己的员工在执行岗位责任的时候，态度足够积极，效率足够高。所以，如果我们能在相同的时间内比其他员工完成的工作更多，且完成的质量更好，就意味着我们的工作能力更高，我们对岗位的责任感更强，更有担当精神，领导自然会更钟情于我们这样的员工，而我们当然能获得比别人更好的工作待遇。

"不管黑猫白猫，抓住老鼠就是好猫。"这句话告诉我们，在工作中，功劳胜于苦劳，高效胜于疲劳。唯有高效执行岗位责任，勇于担当，上交给老板一个满意的工作结果，我们的辛苦付出才能得到有效的回报，我们才更容易从职场脱颖而出，成为老板不可或缺的左膀右臂！

凡事都可以做得更出色

有这样两个秘书，老板安排他们买车票。一位秘书将买来的车票，就那么一大把地交上去，杂乱无章，易丢失，不易查清时刻；另一位却将车票装进一个大信封，并且在信封上写明列车车次、座位及启程、到达时刻。同样的事，后面这位秘书却能多注意到了细节，虽然只是在信封上写了几个字，但却使别人省了很多事。如果你是老板，你会更加欣赏哪一位秘书？

答案可想而知。

富兰克林人寿保险公司总经理贝克说："我奉劝你们员工永不满足。这个不满足的含义就是永不止步，就是积极进取。这个不满足在世界的历史上已经导致了很多真正的进步和改革。我希望你们绝不要满足。我希望你们永远迫切地感到不仅需要进步和改革。我希望你们绝不要满足。我希望你们永远迫切地感到不仅需要改进和提高你们自己，而且需要改进和提高你们周围的世界。"

李开复在攻读博士学位的时候，将语音识别系统的识别率从过去的40%提高到了80%，学术界对他刮目相看。在当时，他的导师觉得，只要将已有的成果整理好，他就可以顺利拿到学位了。然而，李开复并不是这么想的。他的心里非常清楚，第一步的成功一定会让他获得更好的机会，因此，他觉得他所得到的80%的识别率虽然已经非常优秀了，但却并不是最佳结果。

因此，李开复没有放松，他反而更加抓紧时间研究了，为了研究，他甚至还推迟了论文答辩时间。在当时，他每天的工作时间大约是16个小时。这些努力果然得到了收获，李开复的语音识别系统的识别率从80%提高到了96%。在李开复取得博士学位后，这个系统仍然多年蝉联全美语音识别系统冠军。

试想，假如李开复当时满足于自己获得的那一点成就的话，那么他后来还能够做出后来的高识别率的系统来吗？

因此，每一位工作者，请不要满足于目前的工作表现，你需要做得更好。只有这样，你才可以成为企业中不可或缺的人物。在工作中，我们一定要有这样的原则，那就是我们"要做就做得更好，否则就不做"。实际上，这和"能完成100%，就绝不只做99%"是一样的道理。

每一个老板都希望得到优秀的员工，而一个员工的工作态度恰恰可以体现出这个员工是不是优秀。老板从员工的平时表现能够看出员工的工作态度，看出哪个人是优秀的员工，哪个人值得委以重任。因此，在工作之中，我们都应该拥有一个"要做就做得更好，否则就不去做"的心态，不管对于什么样的工作，都应该勇于担当。

工作中的任何事，只要努力、用心去做都可以做得更好。我们中有很多人，在对待工作时，总是觉得做了就行了，却不愿意多花一点心思去想，我要怎么样才能将这件事做得更好、更到位？在同一个岗位，每个员工的能力其实相差并不悬殊。可同一件工作，有人能把它做得非常到位，近乎完美；而有的则只是基本合格，重点就在于是否全力以赴，尽自己最大的努力去做到最好。

刚进入企业时，叶婷只是一个普通的勤杂工，做的是琐碎的工作：打扫卫生、清理垃圾、递交文件等。虽然工作琐碎辛苦，但叶婷从来没有怨言，总是尽职尽责地做好每件事。她唯一的交通工具是一辆自行车，不管目的地在哪里，不管晴天还是雨天，连续五年，她都从没迟到或早退，一直保持上班全勤。

工作努力，乐于助人的叶婷，年年都被企业评为优秀员工。她自动放弃每两周一次的周六休假，也从未要过加班费。叶婷所到之处，你不会看到地上有一片纸屑、一个烟头，不会看到不该亮的灯、滴水的水龙头。她似乎比企业领导还要珍惜和爱护企业，在工作中也力求什么都做到最好。她的这种工作境界，赢得了所有同事的尊重。

当那些拥有高学历、高职位的员工在抱怨工作不顺时，叶婷依然认真地做事，任劳任怨，自得其乐。很快，在众人的羡慕中，叶婷被破格提升为企业的总务部主任，进入了管理阶层。

当一个员工在工作中，无论做什么事都尽自己最大努力去做，还有什么事不能做好呢？企业中不差会做事的人，但是如果每个员工都能严格要求自己，凡事都尽力做到最好，这样的员工再多企业不会嫌多。

工作中，只有那些不能满足于现在的成绩和地位，不断超越，不断地在工作中追求卓越的人，才会要求工作精益求精、不断进步，这也是一个企业主人该有的工作作风。一个企业要想做大、做强，就要不停地超越，超越他人，更要超越自己。任何一名员工，只要以企业的主人对待工作，愿意为企业的利益着想，对自己的所作所为负起担当，就能持续不断地寻找解决问题的方法，把工作做得更好，更到位。

没有最出色，只有更出色。让产品更好，让服务更细致周到是每位员工义不容辞的担当。当你以追求卓越的心态去做事情的时候，你知道什么是自己应该去做的，并且知道怎么样做才能做到更好。

执行一定要到位

不管你执行任何什么工作，一定要将事情做到位。将事情做到位也是执行工作的最高境界。做到了这点，就能大大提升自己的执行效率。

在工作中，你可能感觉自己做的事情与别人差不多，做得差不多就已经够了。但是，你的上司一定对你的表现心中有数，你会因此而失去升职的机会。

很多人之所以做事做得不到位，往往是因为他们会完成事情的 80%，而忽略了剩下的 20%，可恰恰是这最后的 20% 是关键的关键。它之所以关键，是因为正是要完成这最后的 20%，你的成果才会显现出来，少一点都不可以。

什么事情，都要做到位。工作做到位，是工作严谨的体现，也是一种有担当精神的表现。对自己的工作不要敷衍，要认真去做，并尽自己最大的努力把它做好。在工作中，增加自己的执行能力，不但能让我们在职场收获信任，还能增加我们的机遇。

谭兴椿是一个在招待所工作的服务员，因为是下岗后再次就业，所以十分珍惜这份来之不易的工作。

一天，一位客人叫住她，要她帮忙买一块香皂上来。她不由得紧张起来，还以为是自己粗心疏忽了，忘记了给客人配发一次性香皂。

她急忙向客人道歉，并表示自己马上帮客人把一次性香皂配好。

客人告诉她，现在招待所里用的是小香皂，不过他不喜欢使用小香皂。因为一次性的小香皂个头小，质量差，还不方便拿在手里。

听客人这么一讲，她便出去为客人买回了大香皂。

第二天，这位客人走了，她收拾屋子时发现那块大香皂只用了一点点。宾馆里配置的小香皂却没有用过。于是，她灵机一动，心想："小香皂太小，不方便使用；大香皂太大，使用不了浪费太严重。如果我能做一种环形的大香皂，中心是空的，这样既能减少浪费，又能提高利润。"

有了这样的想法，她马上进行了市场调研。在服务行业，一次性香皂消费市场潜力巨大，一般的酒店宾馆一天就要消耗上百块。这是多么大的一次机遇啊！此时，她感觉，上天给了她一次巨大的机遇。

经过不懈的努力，谭兴椿的空心香皂获得专利证书，并研制成功投入生产。后来，她的空心香皂受到了广泛好评。

在做事情的时候，由于思考得多了一点，执行上更到位一些，结果，自己为自己寻求到了出路。我们在职场上也要如此，有时候，一个好的方法，一个好的点子，就能够让工作效率大大提升。

因此，到位的执行工作，能让一个人发现许多商机。

只管做事，不管好坏，这在任何一家公司都是不允许的。要想做大事做成事，最先要做到的，就是要有一个明确的目标，能够按照目标，一丝不苟地把事情做到底。

职场上，许多大事情，许多关键的事情，都是由许多细小的事情和许多琐碎的事情堆积而成，没有小事的累积，也就成就不了大事。把小事做到位，大事自然就做好了。在职场中拼搏的人们，一定要将"把事情做到位"当成自己的一种习惯，当成自己的一种生活态度。如果能够这样，我们就能够与成功同行，与优秀同在。

每个人都有自己的工作职责，每个人都有自己的工作标准。社会上由于你所在的位置不同，职责也有所差异。但是，不同的位置对每个人都有一个最起码的做事要求，那就是做事做到位。做事情做到位是每个员工最基本的工作标准，也是一个人做人的最基本的要求。只有把事情做到位了，你才能提高自己的工作效率，才能因此而获得更多的发展机会。

各行各业，都需要那些能够把事情做到位的员工。如果你能够尽自己最大的努力，尽力去完成你应该做的事情，那么总有一天，你能够随心所欲从事自己想要做的事情。反之，如果你每一天不管做什么事情都得过且过，从来不肯尽力把自己的本职工作做好，那么你将永远无法达到成功的巅峰，永远在失败的低谷徘徊。

工作中不乏这样的事情，行动方案不错，具体行动也有人去执行。但执行的结果是劳而无功，这其中的原因主要是落实者没有真正领会方案制订者的意图，没有体会到真正的方案的精神，而只是形式上机械地去落实，结果是，辛辛苦苦，却无功而返。

有个人去旅游。在一条马路边上，他看到了一个奇怪的现象。

一个工人拿着铲子在路边挖坑，每三米挖一个。他干得很认真，坑也挖得很工整。另一个工人却跟在他的后面，把他刚挖好的坑立刻回填起来。

这个人觉得奇怪，便问那个挖坑的工人："为什么你们一个挖坑，另一个马上把坑给填起来呢？"

那个挖坑的工人回答道："我们是在绿化道路。根据规定，我负责挖坑，第二个人负责种树，第三个人负责填土。不过，今天第二个人请假没来。"

这是一个幽默的故事。这个幽默的故事可以给我们这样的启示：机械地执行，其后果不亚于不执行。

完美的决策，不等于完美的执行，没有完美的执行，就不会有完美的结果。很多时候，我们有了好的决策，也去执行了，但结果却不尽如人意，原因就在于执行了却没有执行到位，执行了却没有执行彻底。

小方是个在校大学生，暑假期间在一家咨询公司做兼职，从事市场调研员的工作。通过培训，公司向他传达了为调研员制定好的详细调研模式，规定了调研路线、方法、内容以及相关的细节问题，其中两项就是：每张调查表的最少调查时间，每天的调查表完成的数量。

小方热情高涨地去进行市场调查了，但和他所预计的完全不一样。人们并不愿意接受他的调查，更不愿意填写调查表。不要说满足最少的调研时间了，很多时候刚刚敲开门，人家一听是搞市场调查的，就"砰"的一声关上了门。

一个上午，小方仅仅完成了几张调查表，距离公司的要求还差很多，怎么办？完不成任务的话，没有钱拿事小，不能被人笑话自己这个大学生还不如别人。他想到了一个"高明"的办法，找了个小冷饮店，自己开始"认真"地填写调查表。到最后交调查表的时候，小方的调查表是数量最多、数据最完整的，领导还表扬他明天继续努力。

但第二天公司领导找他谈话了。原来公司有很完善的数据真实性检验模式，通过检验，公司已经发现了小方的作假行为。

只有有效地执行，才能真正把事情做好。只有完美地执行，才能把事情做到位，做彻底，才能有一个完美的结果。只有抓好执行，才能把任务变成行动，才能把美好蓝图变成现实。

只要是工作，就要用自己的全部精力，把它做到最完美。不能差不多就行了，像有些人一样，看似一天到晚都在忙碌，似乎有做不完的事，但是却忙碌而无效。

第七章

敬业是担当精神的升华

以"零缺陷"的标准去工作

众所周知，一家企业若想在市场竞争中屹立不倒，就必须拥有一流的产品和服务。那问题来了，判断产品和服务是否一流的标准又是什么呢？毫无疑问，简简单单的三个字——零缺陷。而要想做到这一点，企业的每一位员工必须恪尽职守，全力以赴地去工作，最后用百分之百的负责精神换取一个完美的工作成果。

有一家生产降落伞的工厂，他们制造出来的产品从来都没有瑕疵，也就是说，他们生产的降落伞从来没有在空中打不开的不良记录。

有一位记者觉得这不太可能，于是他找到这家工厂的负责人，希望能够借采访打探出生产零缺点降落伞的秘诀。记者首先恭维老板的英明领导与经营有方，随后简明扼要地说明来意。老板说："要求降落伞品质零缺点是本公司一贯的政策，想想看，在离地面几千米的高空上，万一降落伞打不开的话，那么使用者在高空跳落过程中岂不是魂飞魄散？人命根本就没有受到应有的重视！"话毕，老板又漫不经心地说："生产这类产品其实并没有所谓的奥秘！"

老板的话令记者一脸狐疑，他仍不死心地追问："老板，您客气了，我想其中一定有诀窍，否则，贵工厂的产品怎么可能有这么高的品质？"

此时，老板嘴角露出一抹微笑，他淡淡地说："哦，要保持降落伞零缺点的品质，其实是很简单的，根本就不是什么艰深难懂的大道理。我们只是要求，在每一批降落伞出厂前，一定要从整批的货品中随机抽取几件，将它们交给负责制造该产品的工人，然后让这些工人拿着自己生产的降落伞到高空进行品质测试的工作……"

乍一看，这位工厂老板最后的回答相当幽默，但细细思量一番，就会感到脊背发凉。如果我们是这家工厂负责生产降落伞的工人，我们肯定不敢对自己的工作掉以轻心，否则，那最后拿到质量不过关的降落伞，白白丢掉性命的就很有可能是我们自己。

20世纪60年代初，菲利浦·克劳士比提出"零缺陷"思想，并在美国推行零缺陷运动。后来，零缺陷的思想传至日本，在日本制造业中得到了全面推广，日本制造业的产品质量得到迅速提高，并且领先于世界水平。而菲利浦·克劳士比本人也因此被誉为"全球质量管理大师""零缺陷之父"和"伟大的管理思想家"。

其实，很多人不知道，"零缺陷"的理论核心正是："第一次就把事情做对。"众所周知，在实际的工作中，每个人都难免会犯下错误，但"零缺陷"理论要求我们树立"不犯错误"的决心。

也就是说，我们必须提高自己对产品质量和服务质量的责任感，全力以赴地去工作，争取一点儿错误也不犯，将工作做到位。

海尔集团首席执行官张瑞敏说过："有缺陷的产品，就是废品！"除了字面上的意思外，这句话还可以换个角度来理解，那就是生产出有缺陷的产品的员工，就不是一个对工作全力以赴的、有担当的好员工。

去过海尔集团参观的人都知道，海尔展览馆存放着一把大铁锤，海尔人认为这把大铁锤是海尔发展的功臣。原来，这把大铁锤的背后藏着一个发人深省的故事。

1985年，张瑞敏刚到海尔（时称青岛电冰箱总厂）。那时，冰箱的需求量很大，海尔生产出来的冰箱都能轻松地卖掉。

1985年4月，张瑞敏收到了一封用户的投诉书，说海尔冰箱质量有问题。这封投诉书让张瑞敏意识到问题的严重性，他随即突击检查了仓库，发现共有76台冰箱存在各种各样的缺陷。

当时研究处理办法时，职工们意见：作为福利处理给本厂有贡献的员工。

可张瑞敏却说："我要是允许你们把这76台冰箱卖了，就等于允许你们明天再生产760台这样的冰箱。"

后来，海尔搞了两个大展室，展览了劣质零部件和76台劣质冰箱，让全厂职工都来参观。参观完以后，张瑞敏把生产这些冰箱的责任者留下，然后拿着一把大锤，对着冰箱就砸了过去，把冰箱砸得稀烂。紧接着，他又把大锤交给责任者，让他们把这76台冰箱全销毁了。

当时在场的人都流泪了。要知道，一台冰箱当时要卖八百多元钱，而每人每个月的工资才四十多元钱，一台冰箱就相当于一个人两年的工资。

那时海尔还在负债，并且这些冰箱也没有多少毛病，有的冰箱只是外观上有一道划痕。张瑞敏的这一举动无疑令很多人难以理解。但是，正是这一锤"砸碎"了过去陈旧的质量意识，"砸醒"了全体员工，这一锤让员工明白了：如果不按照"零缺陷"的标准去工作，海尔随时有可能倒下，所有人将失去工作！

这件事过后，"精细化，零缺陷"很快就成了海尔全体员工的工作信念。员工们一改往日马马虎虎、将就凑合的态度，全力以赴地投入到工作中，对于每一个生产细节都精心操作，绝不敢有丝毫的放松懈怠。

如今的海尔已从当初那家资不抵债、濒临破产的集体小厂发展为全球家电第一品牌的大公司，如此显著的变化，显然要归功于海尔员工"零缺陷"的工作标准。

不可否认，工作"零缺陷"并不是那么容易做到的事情，但只要我们把工作当作自己的事情来做，不放过任何错误，自始至终都以"零缺陷"的标准来工作，那总有一天我们会美梦成真！

尽职尽责，将工作做到最好

不管我们从事什么工作，都要尽职尽责，将工作做到最好，唯有如此，老板才会对我们另眼相看，对我们委以重任。

一位公司的老板到外面开会，在酒店安顿好后，他往公司办公室打电话。他先给办公室里负责发放纪念品的杰瑞打电话，问他纪念品是否已经发到了公司每个VIP客户的手上。杰瑞回答说："我在一周前已经把东西寄出去了。""他们都收到了吗？"老板问。

杰瑞说："我是让联邦快递送的，他们保证两天后送到。"

随后，老板又给负责材料的亨利打电话，明确开会所需材料的事情。亨利说："我的材料寄到了吗？""到了，秘书阿加莎在四天前就已经拿到了。"亨利说："但我给她打电话时，她告诉我需要材料的人有可能会比原来预计的多200人。不过别着急，我多准备了一些。事实上，她对具体会多出多少人也没有准确的估计，因为允许有些人临时到场再登记入场，这样我怕200份不够，为保险起见，我多准备了300份。我会和她随时保持联系，你们可以在第一时间找到我。"

亨利对工作的尽职尽责让老板非常感动，开完会后，老板立即提拔亨利当他的秘书，并要求所有员工都向亨利学习，努力将工作做到最好、最细致。

其实，杰瑞的工作表现也谈不上不负责任，只是和亨利相比，他还有很多地方没有考虑到位。当老板问他公司的VIP客户是否收到公司赠送的纪念品时，他显然没有给出一个明确的答复。

可以看到，亨利为了让老板更放心，他不只做好了老板交代的事情，还全面考虑了有可能出现的意外情况。他清醒地意识到，自己在工作中的每个失误都将对结果产生负面影响，所以他竭尽全力，将能做的事情全部做好，并时刻待命。

卡耐基说过："成功毫无技巧可言，只不过是对工作尽力而为。"别小看"尽力而为"这四个字，它可不仅仅是一句简单的口号，当我们真正将其落实到工作中去时，我们会发现，对工作尽职尽责，需要我们毫无保留地付出大量的时间、精力和汗水，这显然不是一般人随便喊两句口号就能轻松做到的！

1991年，一位名叫坎贝尔的女子独自徒步穿越非洲，她不但战胜了森林与沙漠，更跨越了旷野。当有人问她为什么能做出如此壮举时，她回答说："因为我说过我一定能，而且我在全力以赴地去做。"

当然，我们的工作或许不像徒步穿越非洲那么艰难，但如果我们不像坎贝尔那样全力以赴地去做的话，那最后等待我们的肯定不是一个完美的结局。

总之，养成对什么事情都尽职尽责、全力以赴的习惯后，我们就找到一把打开成功之门的钥匙。当我们以尽职尽责的态度去做事情的时候，全身的力量都集中到一起，就像一把锋利的匕首，能刺破任何困难和阻挠。

程喆是一家销售公司的普通员工，有一次他遇到了一个难缠的客户。在会谈前期，这位客户本已和他对买进产品的数量、价格等都达成了共识，然而当要真正成交时，对方又临时改变了主意。

当时，程喆的处境十分尴尬，这要是换成其他人，八成会选择放弃这单生意。但程喆却想到，如果能谈成这笔业务，那不仅自己会从公司拿到一笔数额不小的提成，最后还能让公司的发展迈上一个新的台阶。于是，程喆不允许自己放弃，他把自己所有的精力和时间都用上了，此次背水一战，只能赢不能输！

他一次次地和那位客户面谈，阐述了其中的利弊。终于，在他的努力下，这位拿不定主意的客户在订单上签了字。

通过这个故事，我们不难发现，尽职尽责、全力以赴的工作态度，能点燃我们身体内潜藏的能力，鞭策我们将工作做到最好。

俗话说，世上无难事，只怕有心人。一个人在什么地方花费时间和精力，那他就会在什么地方真正有所收获。要知道，每个人在工作中难免会碰上一些棘手的问题，这个时候，如果我们选择放弃和逃避，那最后只会一无所获；反之，如果我们像一个勇士那样直面问题，那所有的困难都将迎刃而解。

作曲家威尔第说过一句话："在我作为音乐家的一生中，我一直都在为追求完美而奋斗。但是，这个目标总是在躲避我，因此，我真切地感觉到一种担当，觉得应该再努力一次。"其实，面对工作，担当是永远没有上限的，我们只有无穷无尽地付出，将全部的精力和时间致力于某一件事，才能真正获得成功。

担当激发工作热情，热情保证事业成功

一个具有担当精神的员工，往往对自己的工作也充满着热情，这种热情能激发他们自身的潜能，帮助他们对成功发起一次又一次的冲刺。

热情对于每一个职场人士来说就如同生命一样重要，如果我们失去了热情，那就无法在职场上生存。凭借热情，我们能让自己永远都保持着高昂的工作斗志；凭借热情，我们可以把枯燥乏味的工作变得生动有趣，永远都不会让自己感到无聊；凭借热情，我们还能感染身边的同事和领导，从而让自己收获良好的人际关系。

梭罗在他的著作《瓦尔登湖》中曾说过："一个人如果充满热情地沿着自己理想的方向前进，并努力按照自己的设想去生活，他就会获得平常情况下料想不到的成功。"工作何尝不是这样呢？只要我们凡事尽职尽责，自会激发出巨大的工作热情，而热情自然会保证我们在事业上收获成功。

国王和王子打猎途经一个城镇，空地上有三个泥瓦匠正在工作。国王问那几个匠人在做什么。

第一个人粗暴地说："我在垒砖头。"

第二个人有气无力地说："我在砌一堵墙。"

第三个泥瓦匠热情洋溢、充满自豪地回答说："我在建一座宏伟的寺庙。"

回到皇宫，国王立刻召见了第三个泥瓦匠，并给了他一个很不错的职位。王子问："父王，我不明白，你为什么这样欣赏这个工匠呢？"

"一个人将来有多成功，最终是由他做事时的态度决定的。"

国王回答说，"工作充满热情的人可以看到事业最后的结果，不会被眼前的困难吓倒，而是用这种对结果的预期鼓励自己去努力，去克服可能遇到的各种困难。"

可以看到，这三个泥瓦匠若是生活在现代，第一个人仍然在"垒砖头"，第二个人可能成为一个工程师，而第三个人则会拿着图纸指指点点，因为他是前面两个人的老板。

这个故事告诉我们一个道理，对自己的工作充满热情，不但能从中享受到快乐，还能在事业上大有作为。

然而不幸的是，在现实生活中，对自己的工作充满热情的人少之又少。很多人早上从睡梦中醒来，一想到待会儿要去上班，心情立马跌落到谷底。等磨磨蹭蹭地到达公司后，他们无精打采地开始一天的工作。好不容易熬到下班，他们才一扫低迷的情绪，变得精神抖擞起来。

其实归根结底，这都是对工作缺乏担当精神的表现。在他们的眼里，工作只是自己养家糊口的差事，老板出钱，自己出力，属于等价交换，完全没必要太过认真。所以，抱着这种不愿担当的消极心态，他们没有一丝工作热情，平时只像老黄牛拉磨一样，别人催一下，自己动一下，懒懒散散，得过且过。

毫无疑问，这种员工最不受老板待见。要知道，在企业里，老板最喜欢的永远是那些在工作中充满了热情和担当精神的员工，因为他们不仅能将自己的工作做到最好，还能带动周围的人。

迪士尼还是个年轻小伙子的时候，他就梦想着制作出能够吸引人的动画电影来。于是，他以极大的热情投入到工作当中去。为了了解动物的习性，他每周都到动物园去研究动物。值得一提的是，在他后来所制作的动画片中，很多动物的叫声是他亲自配的音，包括那位可爱的米老鼠。

有一天，他提出了一个构想，欲将儿童时期母亲所念过的童话故事改编成彩色电影，那就是"三只小猪与野狼"的故事。但助手们都摇头表示不赞成，没有办法，迪士尼只好打消这个念头。但是，迪士尼心中却一直无法忘怀，后来，他屡次提出这个构想。终于，因为他有着一种无与伦比的工作热情，大家才答应姑且一试。

剧场的工作人员谁都没有料到，该片竟受到全美国人民的喜爱。

这实在是空前的大成功。从乔治亚州的棉花田到俄勒冈州的苹果园，它的主题曲立刻风靡全美国——"大野狼呀，谁怕它，谁怕它。"

通过迪士尼的经历，我们可以得出一个结论：一个人工作时，如果能以火焰般的热情，充分发挥自己的特长，那么无论他所做的工作有多么艰难，他都不会觉得辛苦，并且迟早有一天他会成为该行业的巨匠。

在这个社会上，有很多人工作起来毫无热情，他们认为工作是苦差事，这是多么错误的观念啊！其实，工作是上天赋予我们的使命，当我们带着担当精神去工作时，我们的工作热情会自然而然地喷涌而出，此时，我们就像一个冲向成功的急先锋，任何艰难险阻都无法阻止我们前进的脚步。

成功学大师拿破仑·希尔曾这样评价热情："要想获得这个世界上的最大奖赏，你必须拥有过去最伟大的开拓者所拥有的将梦想转化为全部有价值的献身热情，以此来发展和销售自己的才能。"

热情确实是做成任何工作的必要条件，它能激活我们全身上下的每一个细胞，帮助我们完成心中最渴望的事情。

总之，担当能激发工作热情，热情能保证事业成功。不管我们从事何种工作，只要我们时刻记住这个真理，就能在职场上开辟出一片属于自己的广袤疆土，成为该领域最成功的专业人士，最后收获同事的欣赏和尊敬，以及领导的信赖和重用。

知行合一，用行动诠释担当精神

在工作中，光嘴上说担当却不付出行动的人，一般都是"光说不练"的"嘴把式"员工。这种员工最擅长的从来都不是认真工作，而是浑水摸鱼，投机取巧。最后，当领导让他们拿出工作结果来时，他们总是支支吾吾，绞尽脑汁找借口。

很显然，这些都是知行不合一的表现。面对工作，不论我们嘴上说得多么好听，如果不采取实际行动去诠释担当，便永远不可能获得所期望的结果。所以，我们应该拒绝毫无意义的空谈，全力以赴、恪尽职守地将工作做好。只有这样，我们才能做出成绩来，才能给所在企业创造出经济效益。

一天，老鼠大王组织召开了一个老鼠会议，商讨如何对付猫。

会议开了一上午，老鼠们个个踊跃发言，却始终没有讨论出一个切实可行的办法。这时，一只号称最聪明的老鼠站起来说："据事实证明，猫的武功太高强，死打硬拼我们不是它的对手。对付它的唯一办法就是——防。"

"怎么防呀？"大家反问。

"在猫的脖子上系个铃铛。这样，猫一走铃铛就会响，听到铃声我们就躲进洞里，它就没有办法捉到我们了！""好办法，好办法，真是个聪明的主意！"老鼠们欢呼雀跃起来。老鼠大王听了这个办法，高兴得什么都忘了，当即宣布举行大宴。可是，第二天酒醒以后，老鼠大王又召开紧急会议，并宣布说："给猫系铃这个方案我批准了，现在开始落实。"

"说干就干，真好！"群鼠们激动不已。老鼠大王接着说："有谁愿意接受这个任务，现在主动报名吧。"可是，等了很久，会场里没有回声。

于是，老鼠大王命令道："如果没有报名的，就点名啦。小老鼠，你机灵，你去系铃。"老鼠大王指着一个小老鼠说。小老鼠一听，浑身抖作一团，战战兢兢地说："回大王，我年轻，没有经验，最好找个经验丰富的吧。"

"那么，最有经验的要数鼠爷爷了，您去吧。"紧接着，老鼠大王又对一个爷爷辈的老鼠发出命令。"哎呀呀，我这老眼昏花、腿脚不灵的，怎能担当如此重任呢？还是找个身强体壮的吧。"鼠爷爷几近哀求地说道。

于是，老鼠大王派出了那个出主意的最聪明的老鼠。可这只老鼠"哧溜"一声离开了会场。

就这样，老鼠大王一直到死，也没有实现给猫系铃的夙愿。

俄国寓言家克雷洛夫说过："现实是此岸，理想是彼岸，中间隔着湍急的河流，行动则是架在河流上的桥梁。"任何伟大的计划，最终必须要落实到行动上，就像种子只有深埋于地下，最后才能开花结果一样。所以，我们要把心里知道的、嘴上说的、纸上写的、会议上定的，统统化作具体的行动，然后用行动去诠释担当，最后出色地完成自己的工作。

有一位叫张誉的年轻人对写作抱有极大的兴趣，期望自己能成为一个大作家。面对自己的远大目标，他总是说："我要构思出最曲折离奇的情节，写出最优秀的作品。我满怀雄心地构思文章框架，眼看着一天过去了，一星期、一年也过去了，仍然不敢轻易下笔。"

而另一位和他有着同样目标的年轻人王贤却说："我把重点放在如何使我的才智有效发挥上。在没有一点灵感时，我也要坐在书桌面前奋笔疾书，不管写出的句子如何杂乱无章，只要手在动就好，因为手动能带动心动，会慢慢地将文思引导出来。"

三年后，张誉还在构思他伟大的作品，而王贤早已出版了好几本书。

在职场上，很多人之所以一事无成，多半也是因为他们有着和故事中的张誉一样的毛病 —— 光说不做。他们总是幻想着自己有朝一日能获得成功，然而等到他们真正面对平凡的生活和琐碎的工作时，他们又打起了退堂鼓，将之前在嘴上高谈阔论的梦想和责任，重新收入囊中。

企业是一个非常注重行动和实践的地方，企业管理者评判我们是否具备一定的工作能力，往往不是看我们"怎么说"，而是看我们"如何去做"。在他们看来，一个能"做到"的员工，才是岗位责任最佳的诠释者，而一个只能"说到"的员工，除了白日做梦，一点儿成就也做不出来。

被誉为"人生圣经"的《羊皮卷》中有这么一段话："一张地图，不论多么详尽，比例多么精确，它永远不能带着它的主人在地面上移动半步。一个国家的法律，不论多么公正，永远不能防止罪恶的发生。任何宝典，即使我手中的《羊皮卷》，永远不可能创造财富。只有行动才能使地图、法律、宝典、梦想、计划、目标具有现实意义。行动，就像食物和水一样，能滋润我，使我成功。"

面对工作，唯有知行合一，用行动去诠释担当精神，解决各种问题，我们才能在事业上取得成功，最终成就一个卓越的自己。

不仅完成任务，更要超过期望

在职场打拼，我们都想成为老板眼中的优秀员工，可究竟做到什么程度才算是优秀呢？相信每一位员工都曾被这个问题困扰过。

有的人认为，优秀就是踏踏实实地把老板交代的工作做好，有的人则认为，优秀不仅是要完成老板分配的任务，还要制定一个更高的目标，努力超过老板预先的期望。毫无疑问，后者所定义的优秀才最契合老板的真实心意。

在工作中，如果我们完成的每一项工作都达到了老板的要求，那当然是一件好事，我们可以称得上是一名合格的员工，我们不会丢掉自己的饭碗，幸运的话，或许还有机会加薪升职，但是我们永远无法让老板刮目相看，永远无法成为老板的重点栽培对象。只有恪尽职守、全力以赴地去工作，超过老板对我们的期望，我们才能给他留下深刻的印象，让他眼睛一亮，才能让他在关键时刻想起我们，给予我们一个更大的舞台施展自己的才干。

刘一鸣是一个对工作十分负责的人，他不仅能将老板安排给他的所有事情做好，工作结果往往还能超过老板的期望。因此，老板对他的工作表现很满意，很快就提拔他为自己的特助，辅助自己处理日常的事务。

同事们都很佩服刘一鸣，认为他这种刚参加工作没多久的人会有如此快的晋升速度，肯定有属于自己的一套秘诀。于是，大家都跑去向刘一鸣取经，可刘一鸣每次"揭秘"都是一句话："哪儿有什么秘诀呀，把工作做好就行了！"对于这样的回答，同事们当然不买账，他们觉得刘一鸣是在刻意隐瞒，于是都很不满。

一次，老板需要一份文件，让公司的另一名员工小美打印。这时，刘一鸣刚好从旁边路过，他看到打印出来的文件，立刻皱眉说道："小美，你这样不行，赶快再重新打印一份，把字号调到小四，行间距调到1.5倍。"

小美疑惑地说道："不用吧，老板刚只说让我把这份文件打印出来，没说要调这调那呀！"听完她的话，刘一鸣严肃地说道："这可不行，我们做任何事情，都要超过老板的预期，他虽然只要求你打印一份文件，但身为员工，你有责任将这份文件打印得更清晰一点，这样老板看起来才更舒服。"

刘一鸣的话让在场的所有同事不由得点头称是，大家终于明白他成功的秘诀究竟是什么，那就是不仅完成任务，更要超出老板的期望。

在现实生活中，很多人面对工作只是老板让他们怎么做，他们就怎么做，从来都没想过要将工作做得更好。如果继续这么工作下去，他们的职场之路只会越走越窄，最后进入一个死胡同。要知道，对于老板来说，只有那些像刘一鸣一样能准确掌握自己的指令，并且主动将工作做得更好的人，才是他们苦苦寻找的优秀员工。

著名投资专家约翰·坦普尔顿通过大量的观察研究，得出了一条很重要的原理——"多一盎司定律"。所谓的"多一盎司定律"，意即只要比正常多付出一丁点就会获得超好的成果。约翰·坦普尔顿指出：取得中等成就的人与取得突出成就的人几乎做了同样多的工作，他们所做出的努力差别很小——只是"一盎司"，但其结果却经常有天壤之别。

面对工作，只要我们多一点点担当，在高质量完成任务的同时，再超出老板的期望多做一些事情，并将这些事情做得更完美，那肯定能让老板感到喜出望外。如此一来，老板势必会更加信任我们。

成功学的创始人拿破仑·希尔曾经聘用了一位年轻的小姐当助手，她主要的工作就是替他拆阅、分类及回复他的大部分私人信件，听拿破仑·希尔口述，记录信的内容。

有一天，拿破仑·希尔口述了下面这句格言：记住，你唯一的限制就是你自己脑海中所设立的那个限制。从那天起，她把这句格言深深地刻在了自己的心里，并付诸行动。她开始比一般的速记员提早来到办公室，而且在用完晚餐后又回到办公室，从事不是她分内而且也没有报酬的工作。

她开始研究拿破仑·希尔的写作风格，不等拿破仑·希尔口述，直接把写好的回信送到拿破仑·希尔的办公室来。由于她的用心，这些信回复得跟拿破仑·希尔自己所写的完全一样好，有时甚至更好。

她一直保持着这个习惯，直到拿破仑·希尔的私人秘书辞职为止。当拿破仑·希尔开始找人来补这位男秘书的空缺时，他很自然地想到这位小姐。实际上，在拿破仑·希尔还未正式给她这项职位之前，她已经主动地接受了这项职位。

这位年轻小姐的办事效率太高了，因此也引起其他人的注意，很多更好的职位对她虚位以待。对这件事，拿破仑·希尔实在是束手无策，因为她使自己变得对拿破仑·希尔极有价值。她的价值还不止于她的工作，更在于她的进取心和愉快的精神，她给公司带来了和谐和美好。因此，拿破仑·希尔不能失去她做自己帮手的风险，不得不多次提高她的薪水，她的佣金达到她当初来拿破仑·希尔这儿当一名普通速记员的四倍。

优胜劣汰一直是职场永恒不变的生存法则。那些在工作上达不到老板要求的人迟早会被淘汰；而那些刚好能达到老板要求的人，则会继续自己平淡的工作；只有那些超越老板期望的人，才会被单独叫进老板的办公室，老板会额外地给予他们一些极具挑战性的重要工作，让他们有机会磨炼自己，获得迅速的成长。

一流的责任心，创造一流的业绩

经常听见有员工抱怨工作太过繁重，薪水太过微薄，好像自己吃了多大亏似的，他们从来没有真正反省过自己，也没有意识到丰厚的报酬其实是建立在业绩之上的。也就是说，我们若想在职场上升职加薪，首先就必须创造出一流的业绩。

那一流的业绩又从何而来呢？毫无疑问，如果我们对工作缺乏一流的责任心，做事不认真，处处投机取巧，那我们是没办法创造出一流的业绩的。唯有在工作中恪尽职守、全力以赴，我们才能创造出突出的工作业绩，让老板对我们另眼相看。

费海凡是一家家具厂的采购员。由于企业计划进一步扩大生产规模，为了提高产品质量，增强市场竞争力，企业决定从东北地区引进一批优良木材，于是，公司派费海凡去采购这批木材。很多同事得知此事后，很羡慕他能有如此"肥差"，因为这次公司采购的份额很大，只要在报价上略施小计，最后肯定能捞不少的"外快"。

到了东北以后，费海凡并没有直接联系供货商，而是先到木材市场做了一番深入细致的调查。他联系到了几个同行，大家在一起交流后，费海凡发现自己所要采购的这批木材的市场价格比供货商开出的价格要低五个百分点。于是，费海凡对市场做了进一步的研究分析，很快就得到了供货商的价格底线。

费海凡并没有隐瞒这个事实，他立即将自己所掌握的信息向公司做了汇报，在接到公司要求他全权负责的通知之后，他才开始找供货商谈判。由于已经提前对市场做了调查，费海凡并没有被供货商的花言巧语所迷惑，最终以很低的价格签订了购买合同，为公司省了一大笔采购资金。

基于费海凡对工作认真负责的态度以及创造的一流业绩，他很快就受到了公司的重用，被任命为供应部门的主管经理。

通过这个故事，我们可以得出一个结论：一个人要想在公司里占有一席之地，就必须意识到，突出的工作业绩才最有说服力。换句话说，只有对自己的工作全力以赴，为公司赚取更多的利润，我们才能在职场中稳操胜券。

所以，每一位员工从进公司的那一刻起，一定要多问问自己"我能为公司做什么"，而不要问"公司能给我什么"。要知道，当我们凭借积极主动、认真负责的工作态度创造出一流的业绩时，我们的人生简历必然因此变得丰富多彩，公司老板也自然会看到我们的价值，从而在工作上给予我们更多宝贵的机会。

迈克尔是派希公司的一名低级职员，他有个外号叫"奔跑的鸭子"。因为他总像一只笨拙的鸭子一样在办公室飞来飞去，即使是职位比他低的人，都可以支使迈克尔去办事。后来，他被调入到销售部。

有一次，公司下达了一项任务：必须在本年度完成500万美元的销售额。销售部经理认为这个目标是不可能实现的，私下里他开始怨天尤人，并认为老板对他太苛刻。只有迈克尔一个人在拼命地工作，到离年终还有一个月的时候，迈克尔已经完成了他自己的销售额。但其他人没有迈克尔做得好，他们只完成了目标的50%。

很快，经理主动地提出了辞职，而迈克尔则被任命为新的销售部经理。"奔跑的鸭子"迈克尔在上任后的一个月里，投入忘我的工作。他的行为感动了其他人，在年底的最后一天，他们竟然完成了剩下的50%。

不久，派希公司被另一家公司收购。当新公司的董事长第一天来上班时，他亲自点名任命迈克尔为这家公司的总经理。原来，在双方商谈收购的过程中，这位董事长多次光临派希公司，这位始终"奔跑"着的迈克尔先生给他留下了深刻的印象。

不难发现，如果迈克尔没有一流的责任心，他是不可能创造出如此骄人的业绩的，他也不可能获得比别人多的机会。

其实，对工作恪尽职守、全力以赴的表现之一就是创造出一流的业绩，唯有一流的业绩能给企业带来丰厚的利润。著名企业家松下幸之助先生说过："企业家不赚钱就是犯罪。"因此，作为企业的一员，我们每个人都要认真工作，处处为企业考虑，努力做一个业绩最好的出色员工。

古罗马皇帝哈德良手下有一位将军，他觉得自己应该得到提拔，便在皇帝面前提到这件事，以他的长久服役为理由。"我应该升到更重要的领导岗位，"他说，"因为我的经验丰富，参加过十次重要战役。"

哈德良皇帝是一个对人才有着高明判断力的人，他并不认为这位将军有能力担任更高的职务，于是，他随意指着周围的战驴说："亲爱的将军，你看这些驴子，它们至少参加过20次战役，可它们仍然是驴子。"

在工作中，很多人和故事中的那位将军一样，误以为经验和资历是衡量能力的标准，其实不然。实际上，许多公司的管理者把业绩视为考核员工能力的标准，唯有业绩才能体现员工的价值。

所以，我们要时刻坚守自己的岗位，争取用一流的责任心，创造出一流的业绩，实现自己的梦想。

恪尽职守，成为不可替代的员工

据一份抽样调查显示，认为自身在本职岗位上具备绝对的竞争优势的白领仅占调查人数的10.8%，有23%的调查者表示自己具备一定的优势，而剩下的66.2%的受访者则表示自己人微言轻，只懂一些基本技能，并不具备职场的核心竞争力。

在经济学中，有一个词语叫"替代性"，它是指如果商品的同类使用功能基本相同，那么其他的生产者也可以生产出同类的产品来替代你的产品，从而抢占市场份额。因此，一种商品的可替代性高，往往预示着它的价值不会很高。

换个角度看，人才其实也是一种特殊的商品，我们要想在职场上获得高薪，巩固自己的地位，就必须恪尽职守，全力以赴地去工作，让自己具备其他员工无法替代的能力，打造属于自己的职场"铁饭碗"。

文艺复兴时期，画家米开朗琪罗在一次修建大理石碑时，同他的赞助人教皇朱里十二世发生了激烈的争吵，米开朗琪罗为此感到非常愤怒，他甚至扬言要离开罗马。

当时，所有的人都觉得米开朗琪罗的行为实在太过大胆，这一下，教皇朱里十二世肯定会怪罪他，并撤销对他的赞助。但没想到的是，教皇朱里十二世不仅没有惩罚米开朗琪罗，反而和颜悦色地极力挽留他。

众人都很纳闷，教皇朱里十二世却心如明镜。他深知，即便没有他的赞助，米开朗琪罗也一定可以再找到一位新的赞助人，但他却永远无法找到另一个才华横溢的米开朗琪罗。

可以看到，米开朗琪罗虽然脾气火暴，但他对自己的工作向来是尽职尽责，同时他还拥有非同寻常的艺术才华，以至于身份无比尊贵的教皇朱里十二世也要礼让他三分。

可以毫不夸张地说一句，正是担当让我们变得不可替代，正是担当成就我们在职场的"铁饭碗"。要知道，在这个社会上，对工作尽职尽责的优秀人才，不管走到哪里，都为企业所需要。所以，我们需要做的，就是在工作岗位上恪尽职守，努力找出更有效率、更好的办事方法，提升自己在老板心目中的地位，最后成为老板心目中不可替代的卓越员工。

露宝是一个拥有四个孩子的 42 岁的母亲，她之前从事过文秘、档案管理和会计员等不少后勤工作。但这些工作她都做得不长，后来她一直在家里操持家务。

微软在创业初期，董事长比尔•盖茨想招一名女秘书，在众多应聘者中，露宝被盖茨看中了。盖茨认为公司在创业初期，百废待兴，各种事情都等着他去做，而内务方面的杂事更是繁多。此时，露宝无疑是一个最理想的人选，首先，她 42 岁，这种年龄有稳定性；其次，她多年在家操持家务，说明有内务管理方面的经验。

值得一提的是，当时的盖茨只有 21 岁，还是一个外形清瘦、头发蓬乱的大男孩。露宝得知年轻的盖茨是自己的老板后，心想，一个给人印象如此稚嫩的董事长办实业，恐怕会遇到很多困难，而身为他的秘书，自己有责任把后勤工作做好，尽力为其分忧解难。

就这样，露宝成了微软公司的后勤总管，她负责发放工资、记账、接订单、采购、打印文件等工作，从来都没让盖茨操心过。

后来，当微软公司决定迁往西雅图，露宝却因为丈夫在亚帕克基有自己的事业而不能跟着盖茨一起走时，盖茨对她依依不舍。临别时，盖茨还握住她的手，动情地说："微软公司永远为你留着空位，随时欢迎你来！"

三年后的一个冬夜，在西雅图微软公司的办公室里，比尔•盖茨正因后勤工作不力而烦恼。这时，一个熟悉的身影出现在门口。

"我回来了。"这个声音比尔·盖茨再熟悉不过了，因为那是露宝的声音。她已经说服了丈夫，举家迁至西雅图，继续为微软公司、为仍然年轻的董事长效力。

微软帝国的崛起，露宝实在是功不可没。年轻的盖茨影响了世界历史，而作为这位风云人物的秘书，露宝也获得了事业上的成功。

毫无疑问，当一个人高度负责地完成自己的工作时，这就说明，他在这个行业内已经是不可替代的。换句话说，一个敬业的人是永远不会失业的，露宝的故事刚好说明了这一点。正是因为露宝对工作的恪尽职守，她才将自己的后勤工作做得如此出色，最后牢牢地守住了自己在职场的"铁饭碗"。

一个拥有强烈的担当精神、在工作中恪尽职守的人会在不知不觉中成长，他的能力会因为这种强烈的担当精神而变得越来越强，这样的人，无论在哪个岗位上，都拥有自己的"核心竞争力"。

总之，身为员工，我们必须在工作中认真履行职责。当我们凭借恪尽职守在工作上表现突出时，自然可以得到领导的欣赏，从而谋得一个重要的职位，逐渐成就一番耀眼的事业。

面对工作，我们越是恪尽职守、全力以赴，最后越是能得到优待。我们每一个人都必须明白这个道理，唯有如此，我们才能打造职场"铁饭碗"，从此高枕无忧，不用担心自己会被残酷的职场所淘汰！

第八章
新时代的担当精神让人从优秀走向卓越

有担当精神不会仅满足于 99.9% 的成功

在生活中，我们很容易满足于自己已经达到的目标，为自己取得的一点点成功欢欣雀跃，以为已经实现了人生的终极目标，从此失去了前进的动力。其实，我们不应该满足于一点点成功，而是应当制定新的目标，不断向新的高度攀登。只有在进取之灯的指引下，才有可能不断地迈向卓越，实现自我人生的价值。

实现目标需要长期的努力。在为人生目标奋斗时，不能幻想一劳永逸，而要务实笃行、稳扎稳打、奋力前行。同时，也要看到，每取得一点成功，都是向最终的目标前进了一步。即使取得了全局性的成功，也不是目标的终止，而恰恰是向更高一级目标攀登的开始。只有志存高远、不断进取的人，才能充分发挥自身的潜能，创造辉煌的人生。

在前进的路上，往往需要多次调整才能确定最终的方向。执着的追求是应该嘉许和称道的，但也要注意随时回顾并更新目标，不时重新看看自己的目标表。如果你认定某个目标应该调整，或用更好的目标取而代之，就要及时修正。当你达到了自己的目标，或是向它迈进了一步时，绝对不能就此止步。向着更高的目标迈进是人崇高的追求。

目标的调整，实际上是一种担当精神的体现。若原目标已实现，就要制定新的、更高层次的目标。若发现原目标与自己的条件及外在因素不相适合，那就得改弦易辙，另择他径。这样，才能避免浪费宝贵的时间，避免遭受不必要的挫折。若是原目标定得过高了，只有很小的可能实现，必须调低，再继续积累，增强"攻关"的后劲。若原目标定得太低，轻易就已跃过，则要权衡自己的能力、水平，将目标向上"升级"。

其实，对待工作如同开车，如果总在听外面的声音，什么事都要去关注一下，那么心情必然是浮躁的，而只有将全身心都集中到工作上去，以100%的精力去对待手头的工作，那样，工作才会飞速向前。

要想真正做到将身心注入工作中去，以一百分的努力去对待工作，还要将工作看作是自己的一项事业，而不是一份"苦差事"。

在工作中，每个人都应该尽自己最大的努力，去认真对待自己的每一项工作，并在工作中严格要求自己，如果能做到最好，那么就不能允许自己只做到一般；如果能做到100%，就不能只做99%。

强烈的担当精神是一个员工实现自我、走向卓越所必备的一种优秀品质。工作本身就意味着担当，当一个员工视自己的工作如自己的生命一般神圣，当一个员工把自己的全部精力都投入到某一项工作中去，对每项工作都能付出一百分的努力，追求尽善尽美，那么他就是一个有担当的员工了。

20世纪20年代，胡适先生曾经写过一篇著名的文章《差不多先生传》，文章的主人公叫差不多先生，他总是说："凡事只要差不多，就好了。何必太精明呢。"在胡适先生的这篇文章里，差不多先生做每一件事都会提到差不多，但就是这样的一点点差距使他做差了很多事。其"差不多"的做法，是一种对自己、对生活极不负责任的态度，这样的人是可笑的，也不会有任何成就。

令人遗憾的是，直到现在，"差不多"心态并没有随着时间的流逝而消失，而是依然无处不在，无时不有。尤其在当今职场中，"差不多先生"比比皆是。

开会的时候，他会说："差不多时间到就好了，何必一定要准时到呢。"于是，他常常迟到。

制订工作计划的时候，他会说："做得差不多清楚就可以了，何必要那么明确呢，多留点余地多好。"于是，最初计划好的人力、物力、工作安排在真正做的时候不停地被修改调整，甚至推倒重来。

负责公司的产品生产、质量管理时，他会说："差不多达到要求就可以了，何必搞得这么累呢。"于是，公司产品的合格率下降了。

去给客户做工程设计和安装，结果客户向公司投诉不能用时，他会说："差不多就行了，何必这么挑剔呢？"

"基本""好像""几乎""大约""估计""大概"等，成了这些"差不多先生"的常用词。这些"差不多先生"们无视担当，仅仅满足于"差不多就行了"的应付工作的态度，结果这里差一点，那里差一点，结果当然要大打折扣。

有一家企业引进了德国设备，德国工程师在设备安装调试验收时，发现有一个螺钉歪了，但是它的紧固度没有问题。这家企业的工程师认为这没有什么大不了的，所有六角螺钉的紧固度不可能都一丝不差，差不多就行了。而德国工程师却坚持说："不，这完全可以做到。六角螺钉歪了，是因为在拧这个螺钉的时候，没有按规范标准进行操作。"后来通过调查发现，确实是这家企业安装工人未按照技术操作标准要求安装。

工作的效果是检验担当意识的唯一标准，不论是做人还是做事，我们都应抱着消灭"差不多"的决心，为自己确立这样一个高标准：只有做到100分才是合格，99分都是不及格。唯有如此，我们才能彻底告别"差不多先生"，达到尽善尽美。

威尔逊在创业之初，全部家当只是一台分期付款赊来的爆米花机，价值50美元。第二次世界大战结束后，威尔逊做生意赚了点钱，便决定从事地皮生意。虽然有人对他冷嘲热讽，可他对自己的事业充满了信心，对他来说，他有责任在自己选择的这条事业道路上坚守，直到取得成功。

当时美国处于战后时期，人们一般都比较穷，买地皮修房子、建商店、盖厂房的人很少，地皮的价格也很低，从事地皮生意的人也并不多，但威尔逊以执着的超强的责任心坚守着自己的选择，不遗余力地开拓自己的事业。他每天早出晚归地寻找客户，还用手头的全部资金再加一部分贷款在郊区买下很大一片荒地。他的预测是，美国经济会很快繁荣，城市人口会日益增多，市区将会不断扩大，必然向郊区延伸。在不远的将来，这片土地一定会变成黄金地段。后来的事实正如威尔逊所料。没出三年，城市人口剧增，经济迅速发展，大马路一直修到威尔逊买的那块土地的边上。

这时，人们才发现，这片土地价格倍增，许多商人竞相出高价购买，但威尔逊没有满足于眼前的成功，为了更长远的利益，他告诫自己不能止步不前，他还有更加深远的打算，他认为自己有责任将自己的经营理念践行到底。

后来，威尔逊在自己的这片土地上盖起了一座汽车旅馆，命名为"假日旅馆"。由于它的地理位置好，舒适方便，开业后，顾客盈门，生意兴隆。威尔逊的生意越做越大，他的假日旅馆逐步遍及世界各地。他也因为在房地产和旅馆业方面的巨大成功而成为被许多企业家推崇的榜样。

威尔逊之所以能有事业上的一步步的成功，是因为他有全力以赴追求事业成功的责任心，他不仅仅满足于眼前的成就，因此他才能将自己的事业做大做好。

当你用强烈的担当精神去改变自己的命运的时候，所有的困难、挫折、困扰都会为你"让路"，"野心"有多大，就能克服多大的困难，战胜多大的阻碍。你完全可以挖掘自身的潜能，激发成功的欲望，树立责任心，向着目标前进。

永远把自己当成"新人"看待

在工作中，我们要时刻把自己当成一个"新人"看待，永远保持工作的热情和学习的热情。

有些人在工作中总是故步自封地自我感觉良好，觉得自己工作了些许时日就有资格"倚老卖老"，可以不用再像刚入职时那样全力以赴了，或者想先暂时停下脚来歇口气再说奋斗的事。于是，他们的担当精神在这种惰性中渐渐泯灭。

这些人以为，成长只是青少年时代的事情，只有学校才是学习的场所，自己已经是成年人，并且早已走向社会了，因而没有必要再学习了。这种看法其实是不对的。我们只有时刻把自己当成一个"新人"看待，才能承担起人生的责任。

因为，学校里学的东西是十分有限的。工作中、生活中需要的相当多的知识和技能，课本上都没有，老师也没有教给我们，这些东西完全要靠我们自己在实践中边学边摸索。可以说，如果一个人不继续学习、不继续成长，就无法获得生活和工作需要的知识，无法使自己适应急速变化的时代，不仅不能做好本职工作，反而有被淘汰的危险。

纽约戴尔·卡耐基学院的一位学员名叫埃德·格林，他是一位十分杰出的推销员，年收入超过 75 万美元。可他一直坚持每年定期到职业学校花钱参加培训。

格林讲过这样一件事：当我还是一个小男孩的时候，有一次，我的爸爸带我去看我们家的菜园。爸爸可以说是当时那个地区最好的园丁，他在菜园里辛勤耕作，并且以自己的成果为荣。当我们看完之后，爸爸问我从中学到了什么。

我当时只能看出来爸爸显然在这个菜园里下了很大一番功夫。对这个回答爸爸有些沉不住气了，对我说：'儿子，我希望你能够观察到当这些蔬菜还绿着时，它们还在生长；而一旦它们成熟了，就会开始腐烂。'

"我一直没有忘记这件事，我去上职业培训课是因为我认为自己能从中学到些什么。坦白地讲，我确实从中学到了一些东西，那使我完成了一笔生意并得到了上万美元，而在此之前我曾花了两年多的时间试图做成这笔生意。我所得到的这笔钱能够付清我这一生接受培训的所有花费。"

据美国国家研究委员会调查，半数人的工作技能在 1 ～ 5 年就会变得一无所用，特别是在工程界，毕业十年后所学还能派上用场的不足 1/4。因此，学习已成为随时随地的必要选择。

美术大师不停地学习作画的新技巧，音乐大师每天花费几个小时学习和练习新的乐曲，都是为了使自己更出色。不仅艺术家如此，那些工作效率最高、工作质量最好的人，都是在不断努力中使自己的才能得到充分发挥的。才能不是僵化的东西，它是在磨炼中成长的，只有在学习的实践中我们才会发现自己的不足之处，不断成长，在克服困难的过程中不断提高。

当然，具体就每个人而论，他们的潜能也不一样。有的人，年龄虽然很大了，可是他的能力还在继续发展，所以，就有一个将它开发出来并使之放大的问题，而这种发掘只有把自己当成一个"新人"看待，才会注意"能量"的开发，才会拥有渴望成功的意识。

德国著名作曲家、音乐批评家罗伯特·舒曼曾经讲过："一磅铁只值几分钱，可是经过了锤炼，就可制成几千根钟表发条，价值数万元。"所以，舒曼劝告人们说："要好好利用上天赋予你的'一磅铁'。"从舒曼的话里，我们可以得到这样的启示：人的天赋，相差并不大，有的人之所以能够成长为"能量"较大的人才，是因为他"经过了锤炼"。"锤炼"的功夫下得越深，自我开发的工作就做得越好。铁可百炼成钢，人可百炼成才。

人的自我开发可从以下几个方面着手。

要下苦功，掌握知识，并使知识系统化。能力、才能并不是不可捉摸的东西，它是在掌握知识的过程中形成的，同时又表现在掌握知识的过程中。离开学习知识，单纯地去追求什么能力、才能，是没有意义的。对青年人来讲，首要的是扎扎实实地学知识。

要养成勤思的习惯，勤思多智。真正的人才，都是思想上的勤奋者。牛顿说："思索，持续不断地思索，以待天曙，渐渐地见及光明……如果说我对世界有些贡献的话，那不是由于别的，只是由于我辛勤耐久的思索。"

常用的钥匙总是发亮的，勤思的头脑总是多智的。因此，要使自己的大脑经常处于有弹性的积极思维状态中。

合作多智，要善于向师友学习，使自己的才能得到多方面的补充。著名科学家卢瑟福说过："科学家不是依赖于个人的思想，而是综合了无数人的智慧。"现代科学的发展，越来越显示出它的时代特征，那就是从单一性的个体研究进入合作性的集体研究。

在这种趋势之下，每一位职场人士，都应该适应这个趋势，自觉地把自己锻炼成为具有集体观念的人，这种集体观念包括向师友虚心学习、具有合作精神。具有合作精神的人可以多吸收各人的长处，增长自己的才干。

在实践中勇于创新和创造。实践出真知，实践出智慧。任何人的能力、才能都是在实践中增长起来的。实践好比磨刀石，刀锋好比一个人的才华。职场之人，不仅要继承，而且要勇于创新、创造。创新、创造是具有更高一层意义的实践。创造性的花朵是人类才能的最高表现。

《信仰的力量》一书的作者路易斯·宾斯托克指出："你若是想在人生中有一些成就，最有效的办法便是把自己当成一个'新人'看待，把信念提升到强烈的地步，因为只有达到这种程度才会促使你拿出行动。"

一个有强烈担当精神的人，必然执着于为了达成自己的人生信念不断突破成长的高度，为此，他们不怕被人三番两次地拒绝，也不怕别人的冷嘲热讽。

强烈的担当精神有积极的意义，它能激励人心，促使人们拿出实际的行动。想让自己不断成长的进取心是一种动力，而强烈的担当精神则是最有价值的发动机，一个人只有持久不懈地努力，才能实现自己的目标、计划、心愿或理想。

培养自我管理的能力是对自己负责

著名的西门子公司有个口号叫作"自己培养自己"。和所有的顶级公司一样，西门子公司在员工管理上有自己的"真知灼见"，他们把员工的全面职业培训和继续教育列入了公司的战略发展规划中，并严格按计划加以实施。他们还把很大一部分注意力放在了激发员工的学习欲望、营造环境让员工承担担当这两个方面上，并注意让员工在创造性的工作中体会到成就感。另外，公司还要求管理者引导员工以提高其自我管理能力，以便和公司一起成长。

当然，实施自我管理需要具备一个前提，那就是相信自己有进行自我管理的潜质，这一点是值得每一位管理者用心关注的。

并不是每一个员工都有自我管理的能力，在进行自我管理前，我们要对自己的工作能力及胜任情况做出评估。

只有拥有了一定的素养，才能具备自我管理的条件。企业要培养员工自我管理的意识，首先要去了解他们为什么缺少这一意识。曾有一家机构对近百名表现出畏惧和担忧的员工进行了访谈，最终得到以下几个原因。

第一，不够自信。很多员工不相信自己的能力，也不相信自己能够很圆满地处理好工作。

第二，不愿意承担更大的责任，不愿担当。以往，上司给员工安排了工作之后，即便是出了问题，也会有上司帮自己兜着；但是实行自我管理之后，员工就要面对新情况了，他们必须学会独自承担责任。而且，随着目前团队意识受到越来越广泛的强调，很多人的工作也和团队有着紧密关联，这就给员工造成了更大的压力和责任，曾有一名员工说："以往我只需要承担自己的责任，但现在我却要承担整个团队的责任。"

第三，缺乏自我管理所需的技能。在以管理者为核心的情况下，员工只要按照上级的安排去行事就行了，而不需要考虑任务的主次、如何筛选、先后顺序、如何统筹安排等要素，但在被要求自我管理后，这些都成了他们不得不去考虑的问题，但由于缺乏类似的经验，使得他们并不具备相应的技能。

第四，大多数员工只关心自己的工作，而不注意团队协作与配合，最终导致自我管理滞后于团队步伐，使得团队的工作节奏出现混乱。

其实，自我管理是一种习惯，也是可以培养出来的。针对以上问题，我们可以从以下几个方面入手来培养自我管理的能力。

首先，要增强自信心。一个最好的方法就是先从简单的工作做起，这样比较容易取得成绩，也能给自己带来满足感和自信心。如此一来，我们挑战更大困难的念头也会越来越强烈，进而就可以更好地解决有难度的工作。

其次，要注意培养团队责任意识。必须养成站在团队整体的角度去考虑问题的习惯，从而增强承担更大责任的意识和信心。

最后，多参加系统的技能培训。不管是时间管理还是沟通技能，都是可以通过培训来提高的，这对提高工作的效率大有帮助。

日本社会学家横山宁夫曾说过："最有效并持续不断的控制不是强制，而是触发个人内在的自发控制。"因此，摆在管理者面前的一个最佳"控制"之道，就是去激发员工内心自我管理、自发控制的力量。

海伦·凯勒说："只要有一线希望，就应奋斗不止。"不管面临怎样的厄运，都要全力以赴地面对。生命不息，奋斗不止，是人生的责任。有一句话说得很好："重要的不是到底发生了什么事，而是你如何看待它们。"积极的态度必将创造奇迹。

奥格·曼狄诺在《羊皮卷》中写道："你的态度决定了你的前途，你想着自己是什么样的人，你就会成为什么样的人。"培养自我管理的能力是对自己负责的最佳体现。

你有责任让自己在竞争中不断成长

在如今这个竞争激烈的时代，如何使自己脱颖而出？重要的一种方法就是以担当精神激发自己的行动力，始终比别人快一步，抢占先机，在竞争中不断成长。竞争中存在着机会，有担当才能更有效率！

有两个国家在沙漠中打仗，他们展开了历时一个多月的拉锯战。结果双方的士兵都疲惫不堪。

一天，双方指挥官同时接到上级的命令去攻占一个荒废已久但具有战略价值的碉堡。军机大事刻不容缓，两军指挥官立刻命令自己的士兵向碉堡出发。他们离碉堡的距离是相同的，他们的士兵同样都很疲惫。在这种情况下，甲军指挥官下了一道命令：每一次停下来休息时，只能休息10分钟，到了时间就要立刻前进。体力不支的人不必扶持也不必急救，免得影响进程。乙军指挥官也下了命令：坚持到底，一刻也不能休息。为了减轻负担，除了水壶和武器，其余东西一律扔掉，甚至连干粮也不许带。如果有停下的，一律视为违抗军命，就地枪决。

甲军出发时有 300 名士兵，到达碉堡的有 200 人。乙军出发时同甲军一样有 300 人，到达碉堡时只剩 100 人。但是一阵枪响后，包括指挥官在内，甲军全死在了碉堡附近，没有一个人得以活下来。原来，乙军早到了 10 分钟，先架好机枪等着。就是这短短的 10 分钟，使得乙军成为最终的胜利者。

只有让自己更加优秀的责任心才能让自己立即行动，才能够抓住转瞬即逝的机会，才能让自己在竞争中不断成长。

职场如战场，千万不要指望能够一夜暴富，一夜成名，只有珍惜时间，不放走一分一秒地勤奋努力，才能积少成多，铺就成功的大道。

在现代职场中，不管你多么优秀，如果你没有担当责任的勇气，不敢参与竞争，不会抓紧每分每秒，不能比别人做得更好，就有可能遭到对手无情的"打击"，自己也会遭受到失败。没有哪一个成功的老板会放松对自己以及员工的要求，因为没有竞争就意味着停滞或者倒退。现代职场竞争的实质，就是在相同的工作时间内比别人做得更好。有担当精神的人在工作中更加讲求效率和效果。

卡尔先生是美国一家航运公司的总裁，他提拔了一位非常有潜质的人到一个生产落后的船厂担任厂长。可是半年过后，这个船厂的生产状况依然不能达到生产指标。

"怎么回事？"卡尔先生在听了厂长的汇报之后问道，"像你这样能干的人才，为什么不能拿出一个可行的办法，激励他们完成规定的生产指标呢？"

"我也不知道。"厂长回答说，"我曾用加大奖金力度的方法引导，也曾用强迫压制的手段威逼，甚至以开除或责骂的方式来恐吓他们，但无论我采取什么方式，都改变不了工人们懒惰的现状。他们就是不愿意干活，实在不行就招聘新人吧，让他们走人！"

这时恰逢太阳西沉，夜班工人已经陆陆续续向厂里走来。"给我一支粉笔，"卡尔先生说，然后他转向离自己最近的一个白班工人，"你们今天完成了几个生产单位？"

"6个。"

卡尔先生在地上写了一个大大的、醒目的"6"字以后，一言不发地走开了。当夜班工人进到车间时，他们一看到这个"6"字，就问是什么意思。

"卡尔先生今天来这里视察，"白班工人说，"他问我们完成了几个单位的工作量，我们告诉他6个，他就在地板上写了这个'6'字。"

次日早晨，卡尔先生又走进了这个车间，夜班工人已经将"6"字擦掉，换上了一个大大的"7"字。白班工人来上班的时候，他们看到一个大大的"7"字写在地板上。

夜班工人以为他们比白班工人好，是不是？好，他们白班工人要给夜班工人点颜色瞧瞧！于是，他们全力以赴地加紧工作，下班前，留下了一个大大的"10"字。

船厂的生产状况就这样逐渐好起来了。不久，这个一度生产落后的工厂比公司别的工厂的产出还要多。

卡尔先生就这样巧妙地达到了提高生产效率的效果，是因为他用一个数字激起了员工对公司的担当意识。而这种担当意识使得员工充分发挥出他们的能力，在工作中争先恐后地要做得更好，从而在相互竞争中创造出骄人的业绩。

每个人都渴望成功，可为什么有些人总是错过成功的机会呢？原因就在于，"行动"和永不服输的上进心常常被他们的拖延和惰性"偷"走了。安于现状、不思进取的拖延是专"偷"责任心的"贼"，它在侵蚀人的责任心时，常常给人构筑一个"舒适区"，在这个"舒适区"内，人没有让自己在竞争中不断成长，也懒于行动。

机遇对于每个人来说，都是一种宝贵的资源，谁都想据为己有，因为它是走向成功的条件。抓住机遇实质上就是竞争。机遇落入谁家，就看人们的担当意识和行动力。所以，我们不仅要在认识上先人一步，更要在行动上快人一拍，积极创造条件争取和利用一切可用的机遇。要先人一步，就要强化担当意识，只有提高自己的能力，先人一步，才能比其他人更加优秀，抓住成功的机会。

《英国十大首富成功秘诀》曾这样分析当代英国顶尖成功人士："如果将他们的成功归因于深思熟虑的能力和高瞻远瞩的思想，那就失之片面了。他们真正的才能在于他们永远不安于现状的担当意识和审时度势然后付诸行动的速度。这才是他们最了不起的，这才是使他们出类拔萃、居于实业界最高职位的原因。他们在竞争中更加优秀。他们努力奋斗、有担当，成为最后的成功者。"

担当精神会让团队更和谐

担当精神可以让人在竞争中不断地通过寻求团队合作，提升自己的能力，增强团队的战斗力。

优秀员工与普通员工的区别在于，普通员工一般会这么想："公司和团队为我做了什么？"而优秀员工则会想："我能为公司和团队做些什么？"如果你能有把公司当成自己的家的担当意识，就不会和同事斤斤计较；如果你有热爱团队的担当意识，就会甘于"吃亏"，乐于奉献，让集体的人际关系更加和谐。一个人如果总计较自己的付出，没有任劳任怨的担当精神，就会对多做的工作产生抵触情绪，还会影响自己在公司的人际关系。

李明军是一位被破格提拔的总经理。总裁最看重的就是他的担当精神。总裁虽然精明干练，但是管理风格却十分"独裁"，对下属总是按照自己的意志来指挥，从不给他们独当一面的机会，人人都只是奉命行事的"小角色"，连主管也不例外。这种作风几乎使所有主管都极为不满，一有机会便聚集在走廊上大发牢骚。

然而，李明军却与众不同。他并非不了解总裁的缺点，但他的回应不是批评，而是设法弥补。当总裁又忍不住发布命令的时候，他就加以缓冲，减轻下属的压力。同时，又设法配合总裁的长处，把努力的重点放在能够着力的范围内。受差遣时，他总尽量先多做一步，设身处地地体会总裁的需要与心意。在李明军的配合下，大家虽然不时地要受些委屈，偶尔也忍不住抱怨几句，但整个团队其乐融融，配合默契，每个人的能力都得到了充分发挥，整个团队的战斗力非常强。

经常读成功人物传记的人会发现：许多成功的人背后都有一个全体成员团结互助、亲密合作的团队。如果脱离了集体，个人即使再有能力也没有团队产生的合力大；如果只计较自己的得失，无视团队的利益，那将涣散团队的合力，最终害人害己。

亨利是一家营销公司的一名优秀的营销员。他所在的部门里，团队精神曾经十分出众，每一个人的业绩都特别突出。后来，这种和谐融洽的氛围被亨利破坏了。

前一段时间，公司的高层把一个重要的项目安排给亨利所在的部门，亨利的主管反复斟酌考虑，犹豫不决，最终没有拿出一个可行的工作方案。而亨利则认为自己对这个项目有了十分周详而又容易操作的方案。为了表现自己，他没有与主管商量，也没有向主管提供自己的方案，而是越过主管，直接向总经理说明自己愿意承担这项任务，并提出了可行性方案。

亨利的这种对团队没有担当精神的做法，严重地伤害了部门主管的"面子"，破坏了团队精神。结果，当总经理安排他与部门主管共同负责这个项目时，两个人在工作上不能达成一致意见，产生了重大分歧，导致团队内部出现了分裂，团队精神涣散了下来，项目最终也在他们手中"流产"了。

这个事例说明，一个人如果没有认清自己的位置，不顾团队的整体利益而只想表现自己，对团队造成的损害将是非常大的。

钓过螃蟹的人或许都知道，竹篓中放了一群螃蟹，不必盖上盖子，螃蟹是爬不出来的。因为当有两只或两只以上的螃蟹时，每一只都争先恐后地朝出口处爬。但篓口很窄，当一只螃蟹爬到篓口时，其他的螃蟹就会用威猛的大钳子抓住它，最终把它拖到下层，由另一只强大的螃蟹踩着它向上爬。如此循环往复，结果就是没有一只螃蟹能够成功。

这个现象被叫作"螃蟹效应"。如果团队成员目光短浅，没有担当精神，只关注个人利益，忽视团队利益；只顾眼前利益，忽视长久利益，那么整个团队将会逐渐丧失前进的动力，如此，便会出现"1+1<2"的现象，最终让团队失去战斗力。

"螃蟹效应"是员工严重缺乏担当精神的体现，他们没有认清自己在团队中的位置，没有对团队负责的担当意识，更不会以团队利益为重，而只是局限在狭隘的自私自利的"小我"中争名夺利，推卸自己的担当。

没有团队精神对个人和组织的成长都有严重的后果。由于"螃蟹们"的相互牵制，为了各自利益的明争暗斗渐趋白热化，最终的结果只能是既害了团队，也害了自己。

大家在同一个团队中工作，无疑彼此都是竞争伙伴，但只要以高度担当精神出于"公心"对工作任劳任怨，就会彼此尊重，为了团队的最大利益而团结一致。在团队中，必须与他人共同分享利益、承担责任，越是有担当精神的人，越会懂得尊重别人，任劳任怨地奉献和付出。

在一个团队里，最需要的就是成员之间的相互协作和彼此的担当。要努力将团队的价值最大限度地发挥出来，实现"1+1>2"的效果，提高整个团队的凝聚力和战斗力，让每个员工都愿意为团队的进步贡献力量，让每个员工都能在团队中实现成长。只有这样，团队的目标才能最终实现。团队的成功靠的是成员对团队的担当精神，成员的成功靠的是彼此的信任感。担当精神会让团队更加和谐。

持之以恒，激发自己的担当精神

"行百里者半九十"，意为行程一百里，走了九十里只能算是完成了一半。人生如同登山，越往上越艰难，而只有坚持下来的小部分人才能到达山巅，欣赏那一片壮丽的风景。中途退却的人，差的往往只是那一小步，这其实就是没有担当精神的体现。只有担当精神才是使自己持之以恒的动力。

凡事不能一蹴而就，现代社会生活节奏快，如果我们面对一些困难和挫折就失去了耐心，转而投向其他方向，做不了多久，又会因为另外的一些问题，选择放弃。古人云："心浮则气必躁，气躁则神难凝。"所谓"神难凝"，就是做人不踏实，做事不扎实，不愿负责任，这样的人往往耐不住性子，沉不住气，结果常常是欲速不达，事与愿违。

轻言放弃的人常常会这样想：现在这样做，有什么意义？在这条路上，又看不到成功。他不知道，成功正是由那些"看不到成功"的点滴的坚守构成的。要记住，成功不是一蹴而就的，成功靠积累，靠循序渐进。别小看一次小小的行动，一点小小的进展，它关系着以后的"大成功"，它是以后的"大成功"的一个必要步骤。

马克曾在一次滑雪比赛中经历过一场深刻的心理考验。就在他搬到明尼苏达之后不久，他凭着自己的一股热情，买来了滑雪板，开始训练起来。

后来，马克参加了一次高难度的比赛。他一开始滑得还真不错，"嗖嗖"向前，像离弦之箭。但在滑了250米之后，他觉得有点儿吃不消了。他只好眼睁睁地看着别人一个个轻松地从他身边滑过去。就这样，他一下子被孤零零地扔在了冰天雪地里。

马克原本打算用两个小时滑完全程，但是现在，又冷又黑，看来他只有放弃比赛了。要是真有一条退路，那他肯定是放弃了。

但无奈身处深林积雪之中，消沉也只能被搁置一旁——滑吧，就这样滑下去吧！

当然，马克的内心里仍然有着斗争。他盼望着路旁出现小木屋，那里正散发着阵阵热气，但小木屋并没有出现。他盼望着有急救车推开积雪来把他带上，但急救车也没有出现。

他甚至还设想过直升机的营救，可是，这也仅仅是空想而已。

就这样想着，滑着，想着……直到最后他看到一块标志："终点，250米。"

马克简直不敢相信！就这样硬着头皮，他竟然把最后的 250 米也给滑完了，而且总时间超过预想的并不多！

对于这件事，马克总是津津乐道，而且每次讲起来都眉飞色舞。这件事给了他一个确认自己的机会，给了他一个忍耐、坚持，直到最后胜利的美好回忆。从此，他只要碰到艰难险阻，都不会产生害怕退缩的想法。因为在他看来，只要忍耐着向前，只要坚持不懈，只要保持积极的状态，那自己的目标就一定能实现！

爬山虽然不那么容易，然而也并不太艰难，只要你一步一步地往上爬，就能登上山顶。在事业上也是同样的道理。在前进的征途中，千万不要一遇到阻力就停下来，轻言放弃。在所有那些最终决定成功与否的品质中，"坚持"无疑是关键。

莫泊桑是法国著名的批判现实主义作家。被誉为"短篇小说之王"，对后世产生了极大影响。

莫泊桑 13 岁那年，考入了里昂中学，他的老师布耶，是当时著名的巴那斯派诗人。布耶在学校里发现莫泊桑经常写诗，便把他的练习本拿去翻阅。布耶觉得他有写诗的才能，便不断引导他，启发他。为了更好地培养他，布耶决定让福楼拜来帮助他。

福楼拜是世界闻名的作家，当时在法国享有极高的声誉。他看了看莫泊桑的作品，对莫泊桑说："孩子，我不知道你有没有才气。在你带给我的东西里表明你有某些聪明之处；但是，你永远不要忘记，照一位作家的说法，才气就是坚持不懈。你得好好努力呀！"

莫泊桑点点头，把福楼拜的话牢牢记在心里。

在福楼拜的严格要求下，莫泊桑进步得飞快。后来，他开始写剧本和小说。他写完就请福楼拜指点，福楼拜总是指出一大堆缺点。莫泊桑修改后要寄出发表，但是福楼拜总是不同意，并且告诉他：不成熟的作品，不要寄到刊物上发表。

于是，莫泊桑就把文稿放在柜子里。慢慢地，文稿堆起来竟有一人多高，莫泊桑开始怀疑：福楼拜是不是在有心压制自己？

一天，莫泊桑闷闷不乐，就到果园去散心。他走到一棵小苹果树跟前，只见树上结满了果子，嫩嫩的枝条被压得贴着了地面；再看看两旁的大苹果树，树上虽然也果实累累，但枝条却硬朗朗地支撑着。这给了他一个启示：一个人在"枝干"未硬朗之前，不宜过早地让他"开花结果"；"根深叶茂"后，是不愁结不出丰硕的"果实"来的。从此，他更加虚心地向福楼拜学习，决心使自己"根深叶茂"起来。

1880 年，莫泊桑已经 30 岁了，可是他在文坛上还是默默无闻。这一年，他写了篇题为《羊脂球》的短篇小说，并把它送给福楼拜请求指点。

福楼拜读完这篇小说后，兴高采烈地说："这篇小说写得太好了，说明你的作品已经成熟了，完全可以面世了！"

不久，《羊脂球》正式发表。这篇小说一问世，就震动了法国文坛，莫泊桑一举成名。人们争相传颂莫泊桑的名字，但他们哪里知道，这部作品是他长期坚持训练的结果，其中还凝结着他的老师福楼拜的心血呢。

一个人能否成大事关键不在于他的力量的大小，而在于他能坚持多久。人生就好像是马拉松赛跑，只有坚持到最后的人，才可能成为优胜者。

我们在面对拒绝的时候要有忍受力，你可曾听过有哪个人在被拒绝了一千次之后，还敢去敲第一千零一次门呢？你也许会怀疑是否有这样的人？但的确有。维斯特·史泰龙能崛起于影坛是忍受了前后共有千次之多的一次又一次的拒绝而坚持不懈地努力的结果。他跑遍了每一家电影公司在纽约的代理，可是都遭到拒绝。不过他并不气馁，继续敲门，一再尝试，最后终于出演《洛基》一片，一战成名。

　　你能忍受多少次别人说"不"呢？你有多少次因为不想听别人说"不"而放弃了可以攀升的地位呢？你有多少次因为受不了别人说"不"，而不再去找一份新工作或再拜访一位新客户呢？你想想这样是不是有些可笑？只是因为你害怕再听到那个"不"字，就把自己给限制住了。

　　未曾遭遇拒绝的成功绝不会长久，持之以恒的人才能有坚持不懈的勇气。你被拒绝得越多，你就能越成长；你学得越多，就离成功越近一点。朋友，如果你没有成功，请不要放弃。因为坚持就是担当精神，坚持就是希望和力量，坚持就是胜利！记住：春天播种，夏季耕耘，秋天才有收获。让我们在持之以恒中去体会担当精神的价值吧！

担当精神让你成为工作领域的专家

对"专业"一词，通俗的理解就是胜任工作的能力。一个员工只有掌握了熟练的技能，才能在同样的岗位上比一般人更优秀，甚至被称为专家，才可以说是精通专业。没有一个老板不希望自己的下属完全胜任岗位素质的要求。人在职场，如果有一技之长，就是专业人才。专业可以说是所有岗位、所有职业中最具说服力、最受青睐的职业素质之一。这是一个人胜任所在岗位并比其他人更加优秀的必要和充分条件。一个人的专业化程度可以说是能力大小的体现，是可以靠天赋、靠积累、靠实践、靠学习来实现的，除天赋是与生俱来的以外，其他三项都是后天形成的。因此，一个人只有持续努力，不断挑战自我，时刻寻求突破，才可以向更专业的程度迈进。

职场中需要专业精神。所谓专业精神，就是在专业技能的基础上发展起来的一种对工作极其钟爱和全力以赴投入的担当精神，只有担当精神才能让人成为工作领域的专家。

兵马俑刚刚出土的时候，两千多年的历史积尘已经把它们压成碎片。如何让这个碎片化的历史文化奇迹完整挺立起来，当时全世界也没有人曾经面对过这么大的难题。兵马俑军阵的原型是一个天下无敌的农夫军团，拓开了秦帝国的万里版图。同时代的工匠以雕塑形式凝定了他们的雄姿。后世的工匠们能够让久已"粉身碎骨"的兵马俑恢复原身吗？

　　马宇成为最早接触这项工作的群体成员之一。兵马俑深埋两千多年，大部分陶片和地下环境已经形成了稳定的平衡关系，突然出土，是他们存身环境的巨大改变。为了避免环境变化对文物造成二次损害，一号坑保留了原始的自然环境，大量修复工作都是在现场进行。

　　每到夏季来临，覆盖着大棚的兵马俑坑就成了"大蒸笼"，坑内的温度往往达到 40 摄氏度以上。工作过程就是一直在用热汗洗头洗脸；衣服湿了又干，干了再湿。这时，汗水是聚合兵马俑碎片的第一黏合剂。

　　由于年代久远，兵马俑陶片表面非常脆弱，修复人员用刮刀清理的时候，既要刮净泥土，又要保证文物的完好，走刀的分寸拿捏极为较劲。为了练就这项技艺，马宇在修复兵马俑之前，花了两年时间，在仿制的陶片上用手术刀不停地磨炼手感，走了上千万刀，才把握住毫厘之间的分寸。

　　在碎片堆里拼接兵马俑的过程中，只要有一块陶片位置出现错误，整个拼接过程就必须重来。拼接难度最大的是那些体积小、图案较少的陶片，为了一块陶片，马宇有时需要琢磨十多天，反复预演数十次，甚至上百次。正因为这样，一件兵马俑的修复才往往需要耗时一年，甚至更久。

　　马宇参与了近二十年来秦始皇兵马俑修复工作的各个阶段，兵马俑的第一件戟、第一件石铠甲、第一件水禽都是马宇修复的。修复工作者用自己的人生时光作为黏合剂，把破碎的历史拼接成型，当威武列队的兵马俑军阵为全世界所敬仰的时候，马宇和同事们真切体会到了担当的价值。

一个人对待工作如果有了高度的担当精神，即使不是专业人士，也能发挥出超常的能力，实现超越前人的壮举。

美国亚特兰大市因为曾经举办过1996年奥运会而闻名于世，然而，这个城市在举办1996年奥运会之前不过是美国一个很少有人知晓的城市。但是这个难以想象的结果最终还是出现了。这要归功于比利·佩恩的担当精神。

当比利·佩恩最初在1987年产生申办奥运的想法时，就连他的朋友都怀疑他是否丧失了理智。但是他相信自己的行动，他坚信最终的结果只有在行动之后才会出现，而在这之前的一切说法都不过是臆测。于是，他放弃了律师合伙人的职位，全身心地投入到这项活动中来。他开始四处奔走，并以最大的努力获得了市长的大力支持，组成了一个合作小组，然后用极大的激情说服了众多大公司向他们的小组投入了资金，并且在世界各地巡回演讲寻求支持。他们每到一个地方就组织一个"亚特兰大房舍"，邀请国际奥委会的代表共进晚餐，以增进代表们对亚特兰大的了解。最终，1990年9月18日，比利·佩恩和他的同伴们的努力与行动赢得了回报，国际奥委会打破传统做法和惯例，将1996年奥运会的主办权交给了第一次提出申请的美国城市亚特兰大！

比利·佩恩曾经这么说过："我一直都有这样的观点，我不喜欢消极的人，我们不需要有人经常提醒我们成功的可能性不大；我们需要那些积极向我们提供策略和解决问题方法的人。

做任何事都要有担当精神，任何一个工作不是只有专业人士才能做好，我们最终实际上是靠我们自己来做事，不论成败，我们要有意识地有担当地做出决定，并从中学习到经验或教训。我相信，只要用无与伦比的担当精神去做事，就能成为一个陌生领域的专家。"

比利·佩恩和他的团队之所以取得这样的成功，是因为他们明白这样一个道理，凡事不能抱着不愿担当的消极的态度去面对，无论是怎么样的结果都只有在真正行动之后才会出现，这是对待一件事应有的担当，也是我们任何人，特别是一个公司的员工在面对自己从来没有做过的工作时应该牢牢记住的原则。只有这样，我们才真正有勇气去面对一切困难，从而战胜它们。

但大多数情况下，人们总是习惯于趋利避害，他们会对那些容易解决的事情负责，而把有难度的事情推给别人，这种思维常常会导致失败。我们都知道，如今的社会是一个讲求专业的社会，没有哪个企业能在毫无竞争优势的境况中取得发展。同样，一个人必然要成为自己工作领域的专家才会在工作站稳脚跟，不至于失去优势。不努力、没有专长的人无论在怎样的一个企业要想立足都很难，唯一的办法就是珍惜自己现在所拥有的工作，不断努力学习，不断提高自己的技能，用心、用智慧为自己的前途积累资本，拓展自己的未来之路。